HATIER
CONCOURS

Les maths sans complexe

Michel Mante
Professeur agrégé de mathématiques - Formateur

Avec la collaboration de Roland Charnay
Professeur agrégé de mathématiques

Cette publication est conforme à la nouvelle orthographe
www.orthographe-recommandee.info

Cet ouvrage est rédigé avec l'orthographe recommandée par le ministère de l'Éducation Nationale.

Hatier

SOMMAIRE

 ISBN : 978-2-401-98354-2

PRÉSENTATION

À qui est destiné ce livre ?

Si vous vous dites ...
« Les maths ça n'a jamais été mon truc ! »
« Les maths ça me semble intéressant mais malgré mes efforts je n'y arrive pas. »
« J'ai l'impression que je ne suis pas fait(e) pour ça ! »
« J'ai commencé à préparer l'épreuve de maths du concours sur un livre mais j'ai été très vite bloqué ! »

... alors ce livre est pour vous !

Quel est le but de ce livre ?

Ce livre est destiné à vous aider à mettre en place et à automatiser les savoir-faire mathématiques indispensables pour préparer l'épreuve de mathématiques du CRPE.
Pour cela, nous reprenons les notions de base : les nombres, les opérations, la proportionnalité, ..., à un niveau accessible par tous.

Ces savoirs et savoir-faire ne sont pas présentés de façon « dogmatique » (si on vous pose telle question, alors voilà ce qu'il faut faire !). Nous savons, en effet, que cette approche ne permet pas aux apprenants de donner du sens aux notions enseignées, ce qui nuit à leur mémorisation et à leur réinvestissement dans des problèmes.

Nous avons donc fait le choix d'introduire ces savoirs et savoir-faire à partir d'activités POUR DÉMARRER afin de vous les faire (re)découvrir en situation. Cela vous aidera à leur donner du sens et donc à les mémoriser et à les utiliser de façon pertinente dans les problèmes.

À noter que certaines questions sont proches d'activités que l'on vous demande d'analyser dans la 3e partie du concours. Elles vous permettront donc également de commencer à vous préparer à cette partie de l'épreuve et de mieux comprendre son enjeu dans des situations d'enseignement.

À la suite de chaque POUR DÉMARRER se trouve son corrigé dans la rubrique RÉPONSE.

Une synthèse présente, ensuite, la généralisation des savoirs et savoir-faire découverts au cours des activités et enfin des EXERCICES D'APPLICATION, vous aideront là-aussi à les mémoriser et à les automatiser.

À la fin de chaque chapitre, vous trouverez des exercices d'entrainement corrigés **regroupés par savoir-faire** dans la rubrique S'ENTRAINER.

Une FICHE SYNTHÈSE est aussi proposée pour chacun des 9 chapitres afin que vous puissiez retrouver facilement les connaissances essentielles. Ces fiches synthèses sont accessibles grâce à des Hatier Clics, page 223.

Comment travailler avec ce livre ?

Il est conseillé de prendre les chapitres dans l'ordre de leur présentation.

Sous le titre du chapitre, vous trouverez des questions, essayez d'y répondre, même partiellement. Vous pourrez alors confronter vos réponses avec celles proposées au fil des paragraphes.

Nous vous conseillons ensuite de prendre un moment pour résoudre le POUR DÉMARRER.

Comme les réponses sont placées juste en dessous de l'énoncé, il est alors tentant de les regarder sans vraiment s'engager dans la recherche. N'hésitez pas à utiliser un cache ! **Il est important de chercher à répondre à ces questions.** Si vous ne trouvez pas la réponse ce n'est pas grave, le temps de recherche n'est pas du temps perdu, il facilitera la compréhension de la correction. Et vous n'aurez ensuite pas de peine à comprendre la synthèse et à mémoriser les notions importantes.

Traiter ensuite les **EXERCICES D'APPLICATION**.

Pour les exercices de S'ENTRAINER, traitez-les soit au fur et à mesure des renvois présents dans la synthèse, soit après avoir travaillé l'ensemble du chapitre.

Vous pouvez utiliser la FICHE SYNTHÈSE à différents moments :

- à la fin du travail sur le chapitre ;
- avant de passer aux exercices d'entrainement.

Avant de prendre connaissance de cette fiche, vous pouvez en réaliser une vous-même.

Lien entre ce livre et le tome 1 de préparation au CRPE « *CHARNAY R. et MANTE M. Mathématiques – CRPE Admissibilité 2017* ».

« Les maths sans complexe » ne fait pas doublon avec le tome 1. **L'enjeu de ce livre est, pour ceux et celles qui ont des difficultés en mathématiques, de se réconcilier avec cette discipline afin de pouvoir totalement tirer parti du tome 1 et de ... pouvoir prendre du plaisir à enseigner cette discipline.**

CHAPITRE 1

Les nombres entiers naturels et la numération

- *Qu'est-ce qu'un nombre entier naturel ?*
- *Quel est le principe d'écriture d'un nombre entier naturel ?*
- *La numération orale est-elle un « copier-coller » de la numération écrite ?*

→ FICHE SYNTHÈSE 1

COMPRENDRE

1 Comment définir les nombres entiers naturels ?

Définition **Les nombres entiers naturels** désignent les éléments de l'ensemble noté ℕ = **{0 ; 1 ; 2 ; 3 ; ... ; 148 ; ... ; 21 589 ; ...}.**

Propriétés L'ensemble ℕ possède un plus petit élément 0.
L'ensemble ℕ a une infinité d'éléments.
L'ensemble ℕ ne possède pas de plus grand élément.

Utilisation Les nombres naturels servent à exprimer :
- **une quantité**, à la suite d'un dénombrement (« *J'ai dix doigts.* ») ;
- **une position dans une liste rangée** (« *C'est le 5e en partant de la droite.* »).

2 Comment écrire les nombres naturels ?

Répondre à cette question nécessite de choisir un ensemble de symboles et de trouver un procédé pour écrire les nombres naturels en assemblant certains de ces symboles. Cela caractérise ce qu'on appelle **un système de numération**.

Il y a de nombreux systèmes de numérations possibles : numération égyptienne, babylonienne, romaine, numération binaire, ...

Actuellement, c'est la numération de position en base dix (dit : « système de numération décimale ») qui s'est imposée dans la plupart des sociétés. Par contre, la numération binaire (base deux) est incontournable en informatique.

A Le système de numération décimale

1. Les principes

Pour démarrer *Imaginez que vous avez devant vous un très grand nombre de petits cubes identiques (entre 1 000 et 2 000). Il faut dénombrer ces cubes de façon à ce qu'une personne extérieure puisse facilement vérifier le résultat. Comment allez-vous procéder ?*

Réponse On pense naturellement à dénombrer un à un les éléments de cet ensemble. Cela permet d'arriver au nombre cherché, mais cette procédure ne permet pas de répondre à la contrainte : « une personne extérieure doit pouvoir facilement vérifier le résultat ».
Cette procédure est, de plus, longue et source d'erreurs.

Pour faciliter le dénombrement, on peut réaliser des groupes de 10 petits cubes sous forme de barrettes :

Devant le grand nombre de barrettes de 10, on peut décider de les grouper par 10, en plaques :

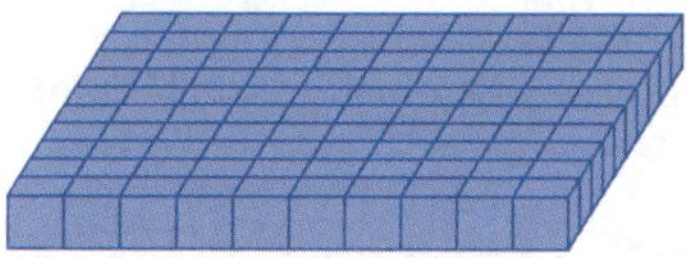

On peut ensuite regrouper les plaques par 10 de façon à obtenir des cubes :

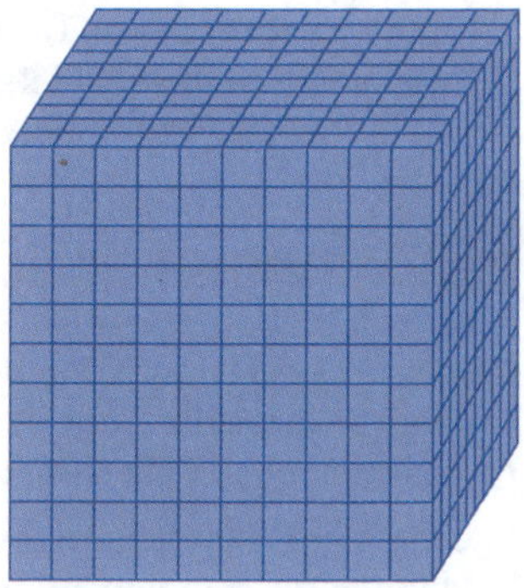

On obtient ainsi au maximum 9 cubes isolés, 9 barrettes isolées et 9 plaques isolées.

Cette organisation permet d'écrire directement le nombre de cubes en **base dix**.

Exemple : Si on trouve 1 cube, 6 plaques, 8 barrettes et 3 petits cubes, on a 1 683 petits cubes.

On peut ainsi établir les égalités :
1 683 = 1 millier, 6 centaines, 8 dizaines et 3 unités
1 683 = (1 × 1 000) + (6 × 100) + (8 × 10) + 3
= (1 × 10 × 10 × 10) + (6 × 10 × 10) + (8 × 10) + 3
= $1 \times 10^3 + 6 \times 10^2 + 8 \times 10 + 3 \times 10^0$

1 est le chiffre des milliers de 1 683.
6 est le chiffre des centaines.
8 est le chiffre des dizaines.
3 est le chiffre des unités.

Puissance

Pour simplifier des écritures, on utilise les puissances.
$10^1 = 10$ (10^1 se lit « dix exposant 1 »).
$10^2 = 10 \times 10$
$10^3 = 10 \times 10 \times 10$
Par convention : $10^0 = 1$
D'une façon générale : si *a* est un nombre : $a^n = \underbrace{a \times a \times \ldots \times a}$
On a écrit *n* fois le « *a* ».
Exemple : $4^3 = 4 \times 4 \times 4 = 64$

Propriétés ▸ Cette numération est appelée **décimale** (groupements de dix successifs) et **positionnelle** (la valeur des chiffres est fonction de leur rang).
▸ **0 indique qu'il n'y a aucun regroupement à un rang donné.**
Ainsi en base dix, on a :

Classe des milliers			Classe des unités simples		
Centaines	Dizaines	Unités	Centaines	Dizaines	Unités
		1	6	8	3
	1	4	7	0	8

On parle d'**unités de numération**.

Ce tableau permet :
▸ d'identifier facilement la valeur d'un chiffre dans le nombre.
Exemple : dans 1 683, le chiffre des dizaines est 8.
▸ de décomposer un nombre à l'aide de puissances de 10.
Exemple : $14\,708 = 1 \times 10^4 + 4 \times 10^3 + 7 \times 10^2 + 8$

EXERCICES D'APPLICATION

1
a. Quel est le chiffre des dizaines de 42 879 ?
b. Quel est le chiffre des dizaines de milliers de 168 459 ?
c. Quel est le chiffre des centaines de 45 389 ?

Corrigé commenté : a. 7 **b.** 6 **c.** 3
Pour vous aider, vous pouvez utiliser le tableau ci-dessus.

2 **Écrire, à l'aide de puissance de 10, la décomposition du nombre 27 108.**

Corrigé commenté : $27\,108 = (2 \times 10\,000) + (7 \times 1\,000) + (1 \times 100) + 8$
$= 2 \times 10^4 + 7 \times 10^3 + 1 \times 10^2 + 8 \times 10^0$

→ EXERCICES 1 à 5 p. 16

2. « Le nombre de ... »

Pour démarrer *Une entreprise dispose de 12 548 jetons qu'elle désire mettre en paquets de 100. Combien peut-elle remplir de paquets ? Trouver le résultat en effectuant le moins de calculs possibles.*

Réponse On peut effectuer la division euclidienne de 12 548 par 100. Mais, il y a beaucoup plus simple. En effet, la lecture du nombre permet de répondre directement : 125.
On dit que 125 est le nombre de centaines de 12 548.

Justification : Imaginez qu'on effectue les regroupements par paquets de dix des 12 548 jetons.
On obtient 1 254 paquets de dix et il reste 8 jetons seuls (*cf.* § A 1.).
Si on effectue des regroupements de dix paquets de dix (donc des paquets de cent), l'écriture du nombre permet d'affirmer qu'il y aura 125 paquets.
On peut donc écrire : 12 548 = 125 centaines et 48 unités = $(125 \times 100) + 48$

L'écriture d'un nombre en base dix permet de lire directement le nombre d'unités, de dizaines, de centaines, ... qu'il contient.

! Ne pas confondre « chiffre de ... » et « nombre de ... ».
Exemple : 125 est le nombre de centaines de 12 548, par contre le chiffre des centaines est 5.

EXERCICES D'APPLICATION

1
a. Quel est le nombre de dizaines de 128 945 ?
b. Quel est le chiffre des dizaines de 128 945 ?
c. Quel est le nombre de milliers de 2 578 637 ?
d. Quel est le chiffre des milliers de 2 578 637 ?

Corrigé commenté :

a. 12 894 dizaines b. 4 c. 2 578 milliers d. 8

2 Voici trois nombres : 5 891 ; 2 589 ; 25 859 ; 589

Trouver le ou les nombres qui ont :

a. 58 centaines ?
b. 5 comme chiffre des centaines ?
c. 58 dizaines ?
d. 8 comme chiffre des dizaines ?

Corrigé commenté : a. 5 891 b. 2 589 et 589 c. 589 d. 589 et 2 589

→ EXERCICES 6 à 10 p. 16 et 17

3. Une merveille de régularité

Le système de numération en base dix est une merveille de régularité. Il est, en effet, possible de trouver le nombre qui suit n'importe quel nombre même si on ne sait pas le lire.

Exemple : Sans avoir besoin de lire le nombre 2458978561257, on sait que son successeur est 2458978561258.
Il nous a suffi d'ajouter 1 au chiffre des unités et de conserver tous les autres chiffres.
Il en est de même avec 598758299. Son successeur est 598758300.
On a ajouté 1 au chiffre des unités, comme c'est 9, on l'a remplacé par 0 et on a augmenté le chiffre des dizaines de 1. Comme le chiffre des dizaines est également 9, on l'a remplacé par 0 et on a augmenté de 1 le chiffre des centaines.

EXERCICE D'APPLICATION

Écrire le prédécesseur et le successeur de chaque nombre.

a. 3 789 b. 4 500 c. 125 999

Corrigé commenté : a. 3 788 ; 3790 b. 4 499 ; 4501 c. 125 998 ; 126 000

4. Comparaison des nombres entiers naturels

Pour démarrer **1** a. *Comparer 25 999 et 123 478.*
b. *Comparer 17 128 et 16 928.*
c. *Quelles règles avez-vous utilisées pour effectuer ces deux comparaisons ?*

Réponses a. On compare 25 999 et 123 478.
Le chiffre de rang le plus élevé de 123 478 est le chiffre des centaines de milliers.
Pour 25 999, ce chiffre est 0, donc 25 999 < 123 478

b. On compare 17 128 et 16 928.
Pour les deux nombres, le chiffre de rang le plus élevé (chiffre des dizaines de milliers) est 1. Au rang suivant (chiffre des milliers), pour 17 128, on a 7 et pour 16 928, on a 6, donc 17 128 > 16 928

Procédure **Pour comparer deux nombres entiers**, on compare les chiffres de même rang des deux nombres, en commençant par les chiffres du rang le plus élevé. On s'arrête dès que, à un même rang, on trouve deux chiffres différents.
Le plus grand nombre est alors celui qui a le plus grand chiffre.

Conséquence Soit deux nombres naturels, celui qui a le plus de chiffres est le plus grand.

Cette procédure s'applique pour tous les systèmes de numération de position. Par contre, elle ne s'applique pas pour tous les systèmes de numération (cf. p. 14).

Pour démarrer **2** *Soit n un nombre naturel, peut-on prévoir son nombre de chiffres si :* **a.** $10^5 < n < 10^7$? **b.** $10^4 \leq n < 10^5$? **c.** $10^7 \leq n \leq 10^8$?

Réponses **a.** n peut avoir 6 chiffres (100 001) ou 7 chiffres (9 999 999).
b. n ne peut avoir que 5 chiffres (10 000 ; 99 999).
c. n peut avoir 8 chiffres (10 000 000 jusqu'à 99 999 999) ou 9 chiffres (100 000 000).

Propriété Si un entier naturel n est tel que $10^p \leq n < 10^{p+1}$, alors n a $p + 1$ chiffres.

EXERCICES D'APPLICATION

1 x est un chiffre. **Pour quelles valeurs de x a-t-on :** $\overline{25x3} < \overline{2547}$?

Corrigé commenté : x est compris entre 0 et 4.

2 Soit n un entier naturel tel que $n > 4$. **Peut-on affirmer que $n \geq 5$?**

Corrigé commenté : Oui, car il n'y a aucun entier entre 4 et 5.

! La réponse à l'*exercice* **2** serait fausse avec les nombres décimaux.

→ EXERCICES 11 et 12 p. 17

B D'autres systèmes de numération

1. Des systèmes de numération qui ne sont pas « décimal »

Pour démarrer **1** *Imaginez que vous avez 89 petits cubes.*
a. *Combien de groupements de cinq petits cubes peut-on faire ?*
Combien reste-t-il de cubes isolés ?
b. *Si on regroupe les groupements de cinq à nouveau par cinq, combien obtient-on de nouveaux groupements ?*
Combien reste-t-il de groupements de cinq ?

Réponses ▶ **1re méthode :** On représente les 89 cubes par des points.
On matérialise ensuite les différents groupements de cinq en les entourant :
- les groupements de cinq sont entourés en noir. (**a.**)
- les groupements de groupements de cinq sont entourés en orange. (**b.**)

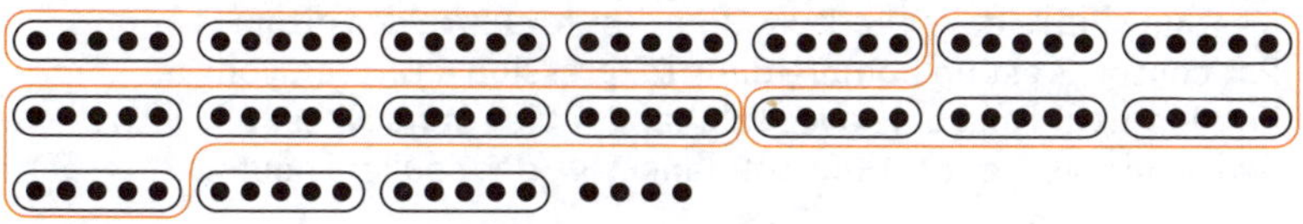

On constate qu'il reste 4 points isolés, 2 groupements de cinq isolés et 3 groupements de groupements de cinq.
Cette méthode peut s'avérer rapidement très longue !

▶ **2e méthode :** Déterminer le nombre de groupements de cinq que l'on peut faire avec 89 objets revient à chercher le quotient de la division euclidienne (*cf. Chapitre 5*) de 89 par cinq.
Le reste de cette division est égal au nombre d'objets isolés.
On obtient ainsi 17 groupements de cinq et il reste 4 objets isolés.
En effectuant la division euclidienne de 17 par cinq, on obtient 3 groupements de groupements de cinq et 2 groupements de cinq isolés.

Pour démarrer **2** *Comment écrire en base cinq le nombre 89 à partir de ces différents regroupements ? Pour répondre à cette question, vous pouvez vous appuyer sur ce qui a été fait en base dix.*

Réponse Dans l'écriture en base dix (cf. **A** 1.), le chiffre le plus à droite indique le nombre d'objets isolés, le suivant, le nombre de groupements de dix isolés, le suivant, le nombre de groupements de groupements de dix isolés, ...

Donc ici, de droite à gauche, les chiffres doivent être 4 puis 2 puis 3.
Le nombre doit donc s'écrire 324 en base cinq.

Mais attention, en **base cinq**, si 4 représente les unités (comme en base dix), 2 ne représente pas les dizaines mais des groupements de cinq.
Pour éviter de confondre avec la base dix, on écrit, généralement, le nombre avec une barre au-dessus et « cinq » écrit à côté du trait ou, à la suite, entre parenthèses : $\mathbf{\overline{324}^{cinq}}$ **ou** $\mathbf{\overline{324}}$ **(cinq)**.

Ainsi : $\overline{324}$ (cinq) $= 4 + 2 \times 5 + 3 \times 5^2 = 89$

Il ne faut pas confondre « chiffre » et « nombre »
Un chiffre est un symbole auquel on associe une valeur numérique.
Il est utilisé pour écrire des nombres.
Un nombre a une écriture formée de chiffres qui s'appuie sur des règles qui constituent un système de numération.
On pourrait dire que les chiffres sont aux nombres ce que les lettres de l'alphabet sont aux mots.
3 est un chiffre dans l'écriture 35 ; c'est le chiffre des dizaines.
Par contre, 3 est un nombre dans l'expression « j'ai 3 crayons ».
En reprenant l'analogie avec l'alphabet et les mots : a est une lettre dans « maths » et c'est un mot dans « il a des souliers neufs ».

EXERCICES D'APPLICATION

1 Écrire en base dix :

a. $\overline{123}$ (quatre) b. $\overline{10110}$ (deux) c. $\overline{702}$ (huit)

Corrigé commenté :

a. $\overline{123}$ (quatre) $= 3 + 2 \times 4 + 1 \times 4^2 = 27$

b. $\overline{10110}$ (deux) $= 0 + 1 \times 2 + 1 \times 2^2 + 0 \times 2^3 + 1 \times 2^4 = 22$

c. $\overline{702}$ (huit) $= 2 + 0 \times 8 + 7 \times 8^2 = 450$

2 Les nombres sont donnés en base dix.

a. **Écrire en base six : 245**

b. **Écrire en base deux : 104**

c. **Écrire en base quatre : 95**

Corrigé commenté :

Pour passer de la base dix à une base a, on peut effectuer la division euclidienne (*cf.* *chapitre 5*) de ce nombre par a, puis effectuer la division euclidienne du quotient obtenu par a et ainsi de suite jusqu'à obtenir un quotient strictement inférieur à a.

a. 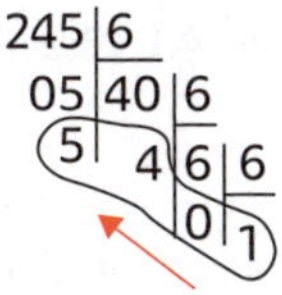

b. 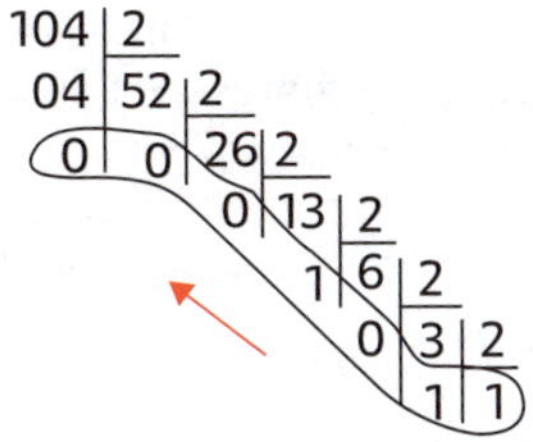

c. 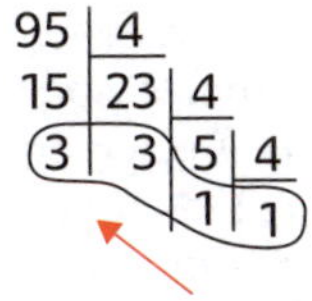

$245 = \overline{1045}$ (six) $104 = \overline{1101000}$ (deux) $95 = \overline{1133}$ (quatre)

3 **Écrire en base cinq le successeur de ces nombres.**

a. $\overline{321}$ (cinq) **b.** $\overline{224}$ (cinq) **c.** $\overline{1344}$ (cinq)

Corrigé commenté :

a. On augmente de 1 le chiffre des unités de $\overline{321}$, on obtient donc $\overline{322}$.

b. On augmente de 1 le chiffre des unités de $\overline{224}$, on obtient 0 (car on est en base 5) et le chiffre des groupements de cinq, 2, augmente de 1. On obtient donc $\overline{230}$.

c. De même, le successeur de $\overline{1344}$ est $\overline{1400}$.

! Les chiffres dans une base donnée sont toujours **strictement inférieurs au nombre de la base**. Par exemple en base trois, les chiffres sont strictement inférieurs à 3, donc ils ne peuvent être que 0, 1 ou 2.
Ces écritures n'ont pas de sens : $\overline{123}$ (trois) ; $\overline{4062}$ (cinq).

→ EXERCICES 13 à 20 p. 17

2. Un système de numération qui n'est pas de position

Dans le système égyptien, on représente :

1 unité par : | 1 dizaine par : ∩ 1 centaine par : 

Ainsi, on écrit 27 : ∩∩ ||||||| et 243 :  ∩∩∩∩ |||

Ce système est bien **décimal** puisque les groupements à chaque niveau se font par dix. Par contre, la valeur d'un symbole ne dépend pas de son rang, mais seulement de sa forme. **Ce n'est donc pas un système de numération de position**.

Exemple : 27 peut s'écrire : ∩∩ ||||||| ou ∩|||∩||||

Cela a des conséquences très importantes. Par exemple, il faudrait une infinité de symboles pour écrire tous les nombres : un symbole pour représenter les milliers, un symbole pour les dizaines de milliers, ...
De plus, les règles, très simples, de comparaison des nombres écrits dans un système de numération de position ne s'appliquent pas dans le système de numération égyptien.

Exemples : **84 :**  **104 :** 

On sait que 84 < 104 et pourtant, dans le système de numération égyptien, l'écriture de 84 est bien plus longue que celle de 104.

3 Comment exprimer oralement les nombres écrits en chiffres ?

Définition On appelle **numération orale**, la numération que l'on utilise pour exprimer oralement les nombres.

On peut penser, qu'en base dix, pour exprimer oralement n'importe quel nombre, il suffit d'être capable de nommer les dix chiffres de la base. C'est en effet possible, par exemple pour 251789, il suffit de dire « deux cinq un sept huit neuf », après s'être mis d'accord sur l'ordre que l'on utilise ; ici on a commencé par le chiffre le plus à gauche.

La difficulté avec ce procédé, c'est qu'il faut attendre la fin de l'énonciation pour connaitre l'ordre de grandeur du nombre et si le nombre est grand, on risque fort de n'avoir aucune idée de cet ordre de grandeur. Par exemple, après avoir énoncé chiffre par chiffre, le nombre 251789, il n'est pas sûr que vous soyez capable de dire s'il est plus grand ou plus petit que 200 000.
Un moyen de pallier cette difficulté est d'indiquer la valeur de chaque chiffre énoncé.

Exemple : Pour 6 408, on dit « six-mille-quatre-cent-huit[1] » que l'on peut rapprocher facilement de « 6 milliers, 4 centaines et 8 unités ».

Mais, il y a des exceptions à ce système :
- 11 devrait être énoncé « un dix un » ou « dix un », 12 « un dix deux » ou « dix deux », ... Par contre, 17, 18 et 19 s'énoncent « correctement ».

1. On utilise, dans cet ouvrage, les nouvelles règles orthographiques.

- 20 devrait être énoncé « deux dix zéro » ou « deux dix », 31 « trois dix un », ...
- Quant à l'énonciation des nombres 70 ; 71 ; ... ; 80 ; 81 ; ... ; 90 ; 91 ; ... elle n'est plus du tout cohérente avec les règles d'énonciation des nombres précédents.

Pour simplifier la lecture orale des nombres, on les écrit en les partageant par groupe de trois en partant de la droite. Cela permet d'identifier facilement les classes des « milliers », « millions », milliards, ...

Exemple : Il est plus facile de lire 12 578 058 que 12578058.

Règles orthographiques

- Avec les « nouvelles » règles orthographiques des nombres, on met des tirets entre chaque élément.
Exemple : « vingt-cinq » ; « cent-trente-et-un »
- *vingt* et *cent* s'accordent, sauf lorsqu'ils sont suivis par un autre nombre.
Exemple : « quatre-vingts » mais « quatre-vingt-un »
- *mille* est invariant.
Exemple : « trois-mille »
- *million* et *milliard* s'accordent toujours.

Conclusion **Notre système de numération orale**, contrairement à notre système de numération écrite, contient des irrégularités. Certaines sont rendues nécessaires pour faciliter la communication de l'ordre de grandeur d'un nombre, d'autres sont uniquement des résultats culturels, non fondés mathématiquement.
Le système de numération orale n'est donc pas un copier-coller de la numération écrite.

EXERCICE D'APPLICATION

Écrire en lettres : **a.** 12056001 **b.** 250006

Corrigé commenté :

a. On écrit ce nombre en groupant ses chiffres par trois en partant du chiffre des unités : 12 056 001.
Donc, en lettres, on écrit « douze-millions-cinquante-six-mille-un ».
b. 250006 = 250 006.
Donc, en lettres, on écrit « deux-cent-cinquante-mille-six ».

→ EXERCICES 21 et 22 p. 18

S'ENTRAINER

Déterminer le chiffre des unités, centaines, ... d'un nombre

1 a. Quel est le chiffre des centaines de milliers de 4 842 789 ?

b. Quel est le chiffre des milliers de 168 459 ?

c. Quel est le chiffre des centaines de 378 458 ?

2 Trouver le nombre entier qui vérifie toutes les propriétés suivantes :

① Son chiffre des unités est le double de son chiffre des centaines.
② Si on ajoute son chiffre des unités à son chiffre des milliers, on obtient 3.
③ Son chiffre des dizaines est égal à son chiffre des unités.
④ Ce nombre est strictement compris entre 1 000 et 2 000.

Passer de l'écriture chiffrée d'un nombre à sa décomposition à l'aide de puissance de 10 et inversement

3 À l'aide de puissance de 10, écrire la décomposition de chaque nombre.

a. 5 128 459 b. 30 257 c. 2 000 040 d. 102 030

4 Écrire les nombres suivants en numération décimale.

a. $3 \times 10^6 + 4 \times 10^3 + 5 \times 10^2 + 3$

b. $6 \times 10^6 + 5 \times 10^2$

c. $7 \times 10^5 + 3 \times 10^7 + 4 \times 10^3 + 2$

5 Trouver les valeurs de a, b, c, d et e sachant que :

$\overline{2ab56} = d + 4 \times 10^2 + 5 \times 10^e + 3 \times 10^3 + f \times 10^4$

Déterminer le nombre de dizaines, de centaines, ..., d'un nombre à partir de son écriture en base dix

6 Déterminer le nombre de milliers et de dizaines dans 215 178.

7 Déterminer le nombre de centaines, de centaines de milliers et de dizaines dans 3 456 789.

8 Déterminer le nombre de centaines de milliers et de milliers dans 21 456 897.

9 Trouver, si possible, un nombre sachant qu'il a :

a. 7 unités et 25 dizaines

b. 9 unités et 150 dizaines

c. 6 unités et 25 centaines

10 Écrire un nombre dont le nombre de centaines est égal à son chiffre des centaines.

Comparer des nombres entiers

11 Compléter avec < ou >.

a. 3 250 ... 45 128 **b.** 125 789 ... 125 879 **c.** 3 485 879 ... 3 458 789

12 x est un chiffre. Pour quelles valeurs de x a-t-on :

a. $4\,578 < 4\,x74$? **b.** $4\,578 < 4\,x79$? **c.** $1\,287\,589 < 1\,28x\,678 < 1\,289\,589$?

Passer de l'écriture d'un nombre en base a à la base dix et inversement

13 **a.** Trouver l'écriture de 33 en base quatre en représentant 33 points.

b. Vérifier avec la méthode des divisions euclidiennes.

14 **a.** Écrire en base huit le nombre : $5 \times 8^3 + 2 \times 8^2 + 7 \times 8 + 2$

b. Écrire en base trois le nombre : $3^2 + 2 \times 3^3 + 2$

c. Écrire en base cinq le nombre : $4 \times 5^2 + 2 \times 5 + 3 \times 5^4$

15 **a.** Écrire en base quatre le nombre : $2 \times 4^3 + 2 \times 4 + 6$

b. Écrire en base cinq le nombre : $5 \times 5^2 + 23$

16 Écrire en base dix :

a. $\overline{100011}$ (deux) **b.** $\overline{356}$ (sept) **c.** $\overline{3021}$ (cinq) **d.** $\overline{2002}$ (quatre)

17 Trouver, si possible, la valeur de x sachant que :

a. $\overline{3x21}$ (cinq) = 486 **b.** $\overline{2x5}$ (six) = 113

18 **a.** Écrire en base quatre ces nombres écrits en base dix : 12 ; 26 ; 4

b. Écrire en base cinq ces nombres écrits en base dix : 6 ; 30 ; 27

19 **a.** Écrire en base sept ces nombres écrits en base dix : 124 ; 458

b. Écrire en base deux ces nombres écrits en base dix : 18 : 85

20 **a.** Écrire en base cinq les quatre entiers qui suivent $\overline{223}$ (cinq).

b. Écrire en base six les six entiers qui suivent $\overline{353}$ (six).

c. Écrire en base quatre les cinq entiers qui suivent $\overline{323}$ (quatre).

Passer de l'écriture d'un nombre en chiffres à son écriture en lettres et inversement

21 Écrire en chiffre.

a. deux-cents-millions-trente-mille-deux
b. trente-sept-millions-quatre-cent-vingt-cinq
c. quatre-millions-deux

22 Écrire en lettres : a. 1254008 b. 2450081 c. 126502

CORRIGÉS

1 a. 8 b. 8 c. 4

2 Si le nombre est strictement compris entre 1 000 et 2 000, cela signifie que son chiffre des milliers est 1 (*d'après* 4).
Donc son chiffre des unités est 2 (*d'après* 2).
Son chiffre des centaines est 1 (*d'après* 1).
Son chiffre des dizaines est 2 (*d'après* 3).
Le nombre est donc 1 122.

3 a. $5\,128\,459 = 5 \times 10^6 + 1 \times 10^5 + 2 \times 10^4 + 8 \times 10^3 + 4 \times 10^2 + 5 \times 10 + 9$
b. $30\,257 = 3 \times 10^4 + 2 \times 10^2 + 5 \times 10 + 7$
c. $2\,000\,040 = 2 \times 10^6 + 4 \times 10$
d. $102\,030 = 1 \times 10^5 + 2 \times 10^3 + 3 \times 10$

4 a. 3 004 503 b. 6 000 500 c. 30 704 002

5 6 est le chiffre des unités, donc d = 6.
4 est le chiffre des centaines, donc b = 4.
5 est le chiffre des dizaines, donc e = 1.
3 est le chiffre des milliers, donc a = 3.
f est le chiffre des dizaines de milliers, donc f = 2.

6 Nombre de milliers : 215 Nombre de dizaines : 21 517

7 Nombre de centaines : 34 567
Nombre de centaines de milliers : 34
Nombre de dizaines : 345 678

8 Nombre de centaines de milliers : 214 Nombre de milliers : 21 456

9 **a.** 257 **b.** 1 509
c. On ne connait pas son nombre de dizaines. Ce nombre peut être 2 506 ; 2 516 ; 2 526 ; 2 536 ; 2 546 ; 2 556 ; 2 566 ; 2 576 ; 2 686 ; 2 596.

10 Pour tous les nombres inférieurs à 1 000, et ceux-là seulement, le nombre de centaines est égal au chiffre des centaines.

11 **a.** 3 250 < 45 128 **b.** 125 789 < 125 879 **c.** 3 485 879 > 3 458 789

12 **a.** x peut être égal à 6 ; 7 ; 8 ou 9 **c.** x peut être égal à 7 ou 8
b. x peut être égal à 5 ; 6 ; 7 ; 8 ou 9.

13 **a.**

b.

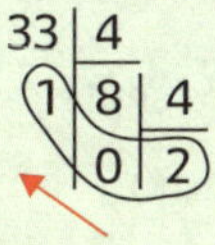

On obtient donc : $\overline{201}$ (quatre).

14 Il n'est pas nécessaire d'écrire le nombre en base dix. On peut directement déterminer l'écriture des nombres en base huit ou trois grâce à la décomposition donnée. Attention à l'ordre des termes dans cette décomposition et à l'absence d'unité d'un rang donné.
a. $\overline{5272}$ (huit) **b.** $\overline{2102}$ (trois) **c.** $\overline{30420}$ (cinq)

15 On dispose de la décomposition du nombre, mais il faut bien s'assurer que les chiffres choisis sont inférieurs à la base. Ce n'est pas le cas ici, d'où la nécessité d'effectuer une transformation avant de conclure.
a. $2 \times 4^3 + 2 \times 4 + 6 = 2 \times 4^3 + 2 \times 4 + 4 + 2 = 2 \times 4^3 + 3 \times 4 + 2 = \overline{2032}$ (quatre),
on a en effet : $2 \times 4 + 4 = 3 \times 4$

b. $5 \times 5^2 + 23 = 5^3 + 4 \times 5 + 3 = \overline{1043}$ (cinq)

16 **a.** $\overline{100011}$ (deux) $= 1 + 1 \times 2 + 1 \times 2^5 = 35$

b. $\overline{356}$ (sept) $= 6 + 5 \times 7 + 3 \times 7^2 = 188$

c. $\overline{3021}$ (cinq) $= 1 + 2 \times 5 + 3 \times 5^3 = 386$

d. $\overline{2002}$ (quatre) $= 2 + 2 \times 4^3 = 130$

17 **a.** On peut soit écrire 486 en base cinq, puis identifier les chiffres de la décomposition, soit partir de l'écriture $\overline{3x21}$ (cinq) et la transformer en base dix :

$\overline{3x21}$ (cinq) $= 1 + 2 \times 5 + x \times 5^2 + 3 \times 5^3 = 386 + 25x$

Donc $386 + 25x = 486$, donc $25x = 486 - 386$, donc $25x = 100$, donc $x = 4$ ce qui est possible car $x < 5$, or $4 < 5$.

b. $\overline{2x5}$ (six) $= 5 + x \times 6 + 2 \times 6^2 = 6x + 77$, donc $6x + 77 = 113$, donc $6x = 36$, donc $x = 6$. C'est impossible car $x < 6$.

18 **a.** $12 = \overline{30}$ (quatre) $26 = \overline{122}$ (quatre) $4 = \overline{10}$ (quatre)

b. $6 = \overline{11}$ (cinq) $30 = \overline{110}$ (cinq) $27 = \overline{102}$ (cinq)

19 **a.** $124 = \overline{235}$ (sept) $458 = \overline{1223}$ (sept)

b. $18 = \overline{10010}$ (deux) $85 = \overline{1010101}$ (deux)

20 **a.** $\overline{224}$ (cinq) $\overline{230}$ (cinq) $\overline{231}$ (cinq) $\overline{232}$ (cinq)

b. $\overline{354}$ (six) $\overline{355}$ (six) $\overline{400}$ (six) $\overline{401}$ (six) $\overline{402}$ (six) $\overline{403}$ (six)

c. $\overline{330}$ (quatre) $\overline{331}$ (quatre) $\overline{332}$ (quatre) $\overline{333}$ (quatre) $\overline{1000}$ (quatre)

21 **a.** 200 030 002 **b.** 37 000 425 **c.** 4 000 002

22 **a.** 1 254 008
→ un-million-deux-cent-cinquante-quatre-mille-huit

b. 2 450 081
→ deux-millions-quatre-cent-cinquante-mille-quatre-vingt-un

c. 126 502
→ cent-vingt-six-mille-cinq-cent-deux

CHAPITRE 2 Les nombres rationnels, décimaux et réels

- *Pourquoi a-t-il fallu créer des nombres qui ne soient pas des nombres entiers ?*
- *Qu'est-ce qu'une fraction ? un nombre décimal ? un nombre rationnel ?*
- *Y a-t-il d'autres nombres que les nombres entiers, fractionnaires ou décimaux ?*

→ FICHE SYNTHÈSE 2

COMPRENDRE

1 Qu'est-ce qu'une fraction ?

A Les fractions pour exprimer une mesure

Les nombres naturels permettent de dénombrer des collections, de repérer une position, de mesurer des longueurs de segments, etc.

Mais, ils ne permettent pas d'exprimer la mesure de n'importe quelles longueurs de segments.

Pour démarrer *Découper une bande de papier de même longueur que la bande blanche ci-dessous :*

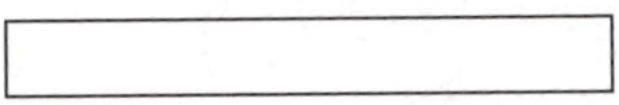

Un de vos amis dispose d'une bande identique à la bande blanche. Que lui diriez-vous pour qu'avec cette bande, il construise des bandes de mêmes longueurs que la bande rouge, verte, bleue et jaune ? (Il ne dispose pas de double décimètre.)

Réponse

Bande rouge : on lui dit de reporter deux fois la bande blanche.
En prenant la bande blanche comme unité, on dit que la bande rouge mesure 2 unités (*cf.* ***Chapitre 8*** p. 175).
Bande verte : la bande blanche (bande unité) est plus longue.
On peut lui proposer de plier la bande blanche en quatre et de reporter trois fois la longueur obtenue suite à ce pliage. On dit que la bande verte mesure $\frac{3}{4}$ d'unité qui se lit « trois quarts » ou encore « trois quatrièmes ».

Bande bleue : ici, il faut partager la bande unité en trois.

On obtient $\frac{2}{3}$ d'unité qui se lit « deux tiers » ou encore « deux troisièmes ».

Bande jaune : il y a plusieurs expressions possibles, par exemple :

$1+\frac{1}{4}$; $\frac{5}{4}$; $2-\frac{3}{4}$; etc (*cf.* **B** p. 24).

Définitions Une unité de longueur (d'aire, de contenance...) étant choisie, un segment de mesure $\frac{a}{b}$ (une surface d'aire $\frac{a}{b}$, un récipient de contenance $\frac{a}{b}$...) est obtenu en partageant l'unité en b parties égales et en reportant a fois une des parties obtenues.

$\frac{a}{b}$ est appelée fraction.

a est le **numérateur** et b le **dénominateur**.

$\frac{a}{b}$ est donc l'écriture d'un nombre.

Exemple :

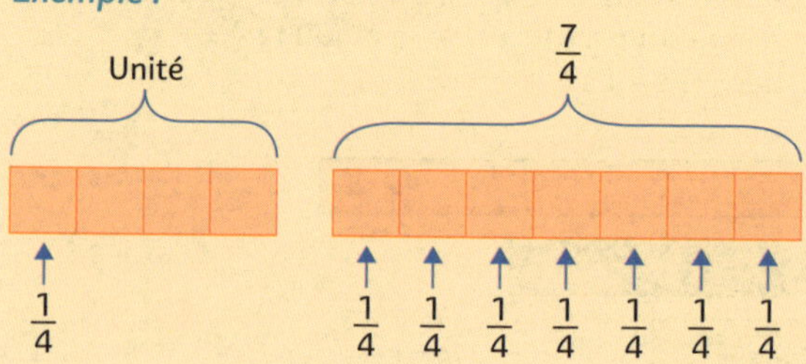

EXERCICE D'APPLICATION

Vrai ou faux ?

a. On prend comme unité, l'aire du grand rectangle.

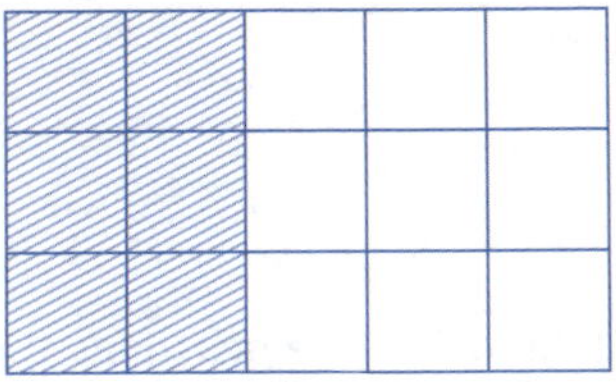

On a colorié $\frac{2}{5}$ de l'aire du rectangle.

b. On prend comme unité, la longueur du segment [AB].

La longueur du segment [AC] est de $\frac{5}{3}u$.

c. On prend comme unité, l'aire du disque.

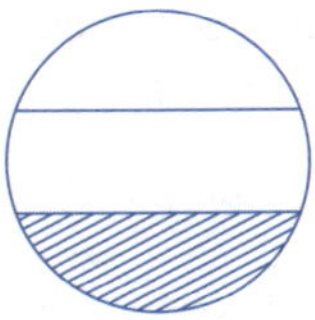

On a colorié $\frac{1}{3}$ de l'aire du disque.

d. On prend comme unité, l'aire du disque.

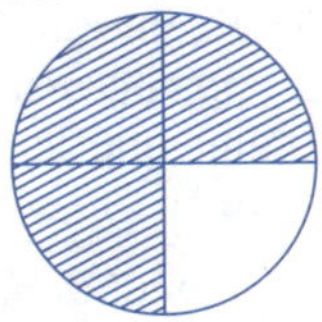

On a colorié $\frac{4}{3}$ de l'aire du disque.

Corrigé commenté :

a. Vrai.

b. Faux, car [AC] représente $\frac{3}{5}$ du segment [AB] et non, $\frac{5}{3}$.

On a, en effet, partagé le segment [AB] en 5 segments de même longueur et pour tracer [AC], on doit en reporter 3.

c. Faux, car les trois parts représentées ne sont pas de même aire.

d. Faux, car on a hachuré les $\frac{3}{4}$ du disque et non les $\frac{4}{3}$.

Pour hachurer une surface dont l'aire est égale au $\frac{4}{3}$ de l'aire du disque, il faut un disque complet et $\frac{1}{3}$ de disque.

→ EXERCICES 1 à 4 p. 46

B Partie entière d'une fraction

Pour démarrer *Dans chaque cas, indiquer le nombre de disques nécessaires pour hachurer la partie demandée.*

a. $\frac{12}{7}$ *de l'aire d'un disque*

c. $\frac{7}{12}$ *de l'aire d'un disque*

b. $\frac{135}{11}$ *de l'aire d'un disque*

Réponses a. **2 disques :** sur le 1er disque, on hachure 7 septièmes (donc tout le disque), et sur le 2e, 5 septièmes. On peut donc écrire : $\frac{12}{7} = 1 + \frac{5}{7}$

b. Pour trouver le nombre de disques, on peut :

- *tâtonner* : avec 10 disques, on obtient 10 × 11 = 110 onzièmes, ce n'est pas suffisant. Avec 15 disques, on obtient 15 × 11 = 165 onzièmes, c'est trop ....
- *effectuer la division euclidienne de 135 par 11* (cf. **Chapitre 5**).

On obtient 12 comme quotient et 3 pour reste.

Il faut donc **13 disques** : 12 seront totalement hachurés et sur le 13e, on hachurera 3 onzièmes. On peut donc écrire : $\frac{135}{11} = 12 + \frac{3}{11}$

c. **1 disque,** car 7 < 12. On peut donc écrire : $\frac{7}{12} = 0 + \frac{7}{12}$

Propriété Toute fraction peut s'écrire sous la forme d'un entier et d'une fraction inférieure à 1. Cet entier est appelé « **partie entière de la fraction** ». Si la fraction est inférieure à 1, alors sa partie entière est nulle.

EXERCICES D'APPLICATION

1 Écrire sous forme d'une somme d'un entier et d'une fraction.

a. $\frac{25}{4}$ b. $\frac{125}{10}$ c. $\frac{45}{6}$ d. $\frac{3}{5}$

Corrigé commenté : On peut soit tâtonner, soit effectuer la division euclidienne du numérateur par le dénominateur.

Le quotient de la division est le nombre entier de la somme cherchée et le reste est le numérateur de la fraction.

a. $\frac{25}{4} = 6 + \frac{1}{4}$ b. $\frac{125}{10} = 12 + \frac{5}{10}$ c. $\frac{45}{6} = 7 + \frac{3}{6}$ d. $\frac{3}{5} = 0 + \frac{3}{5}$

2 Écrire sous forme d'une fraction : **a.** $5 + \frac{7}{12}$ **b.** $3 + \frac{5}{8}$ **c.** $7 + \frac{3}{10}$

Corrigé commenté :

a. $5 + \frac{7}{12} = \frac{5 \times 12}{12} + \frac{7}{12} = \frac{60}{12} + \frac{7}{12} = \frac{67}{12}$

b. $3 + \frac{5}{8} = \frac{24}{8} + \frac{5}{8} = \frac{29}{8}$

c. $7 + \frac{3}{10} = \frac{70}{10} + \frac{3}{10} = \frac{73}{10}$

→ EXERCICES 5 à 7 p. 47

C Égalité de fractions

1. Obtenir une fraction égale

Pour démarrer *Vrai ou faux ? Une bande unité étant donnée :*

a. *Une bande de longueur* $\frac{3}{4}$ *a même longueur qu'une bande de longueur* $\frac{6}{8}$.

b. *Une bande de longueur* $\frac{1}{2}$ *a même longueur qu'une bande de longueur* $\frac{6}{12}$.

c. *Une bande de longueur* $\frac{6}{15}$ *a même longueur qu'une bande de longueur* $\frac{2}{5}$.

Réponse Ces trois affirmations sont vraies. En effet, partager la bande unité en 4 parties égales et prendre 3 parties revient au même que la partager en 8 et en prendre 6 parties, comme on peut le vérifier ci-dessous :

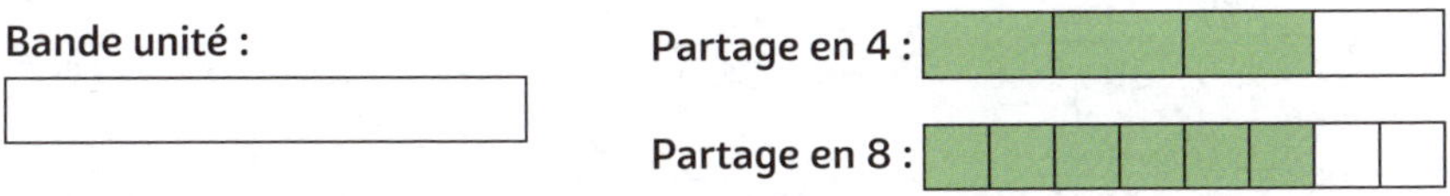

De même, partager la bande unité en 2 parties égales et en prendre une revient au même que la partager en 12 et en prendre 6. Idem pour la 3e affirmation.

Propriété **On obtient une fraction égale,** si on multiplie ou divise son numérateur et son dénominateur par un même nombre entier.
Quels que soient les nombres entiers a, b et k (avec b et k non nuls) :

$$\frac{a}{b} = \frac{a \times k}{b \times k} \quad \text{et} \quad \frac{a}{b} = \frac{a : k}{b : k}$$

EXERCICE D'APPLICATION

Vrai ou faux ?

a. $\frac{3}{7} = \frac{21}{49}$ **b.** $\frac{120}{100} = \frac{12}{10}$ **c.** $\frac{51}{27} = \frac{17}{9}$ **d.** $\frac{3\,700}{1\,000} = \frac{37}{10}$

Corrigé commenté :

a. Vrai, car $\frac{3 \times 7}{7 \times 7} = \frac{21}{49}$

b. Vrai, car $\frac{120}{100} = \frac{120 : 10}{100 : 10} = \frac{12}{10}$

c. Vrai, car $\frac{51 : 3}{27 : 3} = \frac{17}{9}$

d. Vrai, car $\frac{3\,700 : 100}{1\,000 : 100} = \frac{37}{10}$

→ EXERCICES 8 et 9 p. 47

2. Fractions irréductibles

Pour démarrer *Vrai ou faux ?*

a. $\frac{12}{18} = \frac{14}{21}$ **b.** $\frac{15}{20} = \frac{24}{32}$ **c.** $\frac{25}{30} = \frac{45}{54}$ **d.** $\frac{12}{15} = \frac{28}{34}$

Réponses Il est facile de simplifier chacune de ces fractions et de comparer ensuite les expressions obtenues :

a. Vrai, car $\frac{12}{18} = \frac{12 : 6}{18 : 6} = \frac{2}{3}$ et $\frac{14}{21} = \frac{14 : 7}{21 : 7} = \frac{2}{3}$

b. Vrai, car $\frac{15}{20} = \frac{15 : 5}{20 : 5} = \frac{3}{4}$ et $\frac{24}{32} = \frac{24 : 8}{32 : 8} = \frac{3}{4}$

c. Vrai, car $\frac{25}{30} = \frac{25 : 5}{30 : 5} = \frac{5}{6}$ et $\frac{45}{54} = \frac{45 : 9}{54 : 9} = \frac{5}{6}$

d. Faux, car $\frac{12}{15} = \frac{12 : 3}{15 : 3} = \frac{4}{5}$ et $\frac{28}{34} = \frac{28 : 2}{34 : 2} = \frac{14}{17}$

Définitions **Pour simplifier une fraction,** on divise son numérateur et son dénominateur par un même nombre entier naturel.
Une fraction que l'on ne peut plus simplifier est dite **irréductible.**

Exemple : $\frac{12}{18} = \frac{2}{3}$

Comme on ne peut pas la simplifier davantage, $\frac{2}{3}$ est une fraction irréductible.

■ EXERCICES D'APPLICATION

1 **Trouver une fraction irréductible égale à :**

a. $\frac{25}{35}$ b. $\frac{102}{120}$ c. $\frac{45}{75}$

Corrigé commenté :

a. $\frac{25}{35}=\frac{5}{7}$ b. $\frac{102}{120}=\frac{17}{20}$ c. $\frac{45}{75}=\frac{3}{5}$

Remarque : Les calculatrices collège ont toute une touche qui permet de simplifier des fractions.

2 **Refaire l'exercice ci-dessus en utilisant une calculatrice.**

→ EXERCICE 10 p. 47

3. Les produits croisés

Voici une propriété caractéristique de l'égalité de deux fractions qui va être utile par la suite :

Propriété $\frac{a}{b}=\frac{c}{d}$ signifie $a \times d = b \times c$ avec b et d non nuls.

On obtient les produits $a \times d$ et $b \times c$ en « croisant » les facteurs : $\frac{a}{b} \times \frac{c}{d}$

d'où le nom de cette propriété « **les produits croisés** ».

Remarque : Cette propriété traduit une équivalence :

b et d étant non nuls : si $\frac{a}{b}=\frac{c}{d}$, alors $a \times d = b \times c$ et si $a \times d = b \times c$, alors $\frac{a}{b}=\frac{c}{d}$

Justification : On suppose que $\frac{a}{b}=\frac{c}{d}$

$\frac{a}{b}=\frac{a \times d}{b \times d}$ et $\frac{c}{d}=\frac{b \times c}{b \times d}$ or $\frac{a}{b}=\frac{c}{d}$, donc $\frac{a \times d}{b \times d}=\frac{b \times c}{b \times d}$

Ces deux fractions ont le même dénominateur, donc elles ont des numérateurs égaux, ce qui permet de prouver que $a \times d = b \times c$.

Réciproquement : On suppose que $a \times d = b \times c$

On divise les deux membres de cette égalité par b (non nul), on obtient :

$\frac{a \times d}{b}=\frac{b \times c}{b}$, donc $\frac{a \times d}{b}=c$

On divise les deux membres de cette égalité par d (non nul), on obtient : $\dfrac{a \times d}{b \times d} = \dfrac{c}{d}$, donc $\dfrac{a}{b} = \dfrac{c}{d}$.

Cette propriété permet de prouver que deux fractions sont égales ou non.

EXERCICE D'APPLICATION

En utilisant la propriété des produits croisés, prouver que :

a. $\dfrac{85}{51} = \dfrac{60}{36}$ **b.** $\dfrac{574}{271} \neq \dfrac{787}{375}$

Corrigé commenté :

a. $85 \times 36 = 3\,060$ et $51 \times 60 = 3\,060$, donc $\dfrac{85}{51} = \dfrac{60}{36}$.

b. On n'a pas besoin d'effectuer totalement les produits croisés, on peut simplement constater que le chiffre des unités de ces deux produits n'est pas le même. Pour 574×375, c'est 0 et, pour 271×787, c'est 7.
Donc les deux fractions ne sont pas égales.

→ EXERCICE 11 p. 47

D Comparer des fractions

Pour démarrer *Compléter avec < ou > en justifiant la réponse.*

a. $\dfrac{5}{7} \ldots \dfrac{3}{7}$ **b.** $\dfrac{6}{5} \ldots \dfrac{6}{7}$ **c.** $\dfrac{19}{12} \ldots \dfrac{5}{3}$ **d.** $\dfrac{3}{4} \ldots \dfrac{4}{5}$ **e.** $\dfrac{1\,214}{1\,610} \ldots \dfrac{1\,789}{1\,515}$

Réponses

a. $\dfrac{5}{7} > \dfrac{3}{7}$ (cf. § 1 A p. 21)

b. $\dfrac{6}{5} > \dfrac{6}{7}$. Dans les deux cas, on a, en effet, pris 6 parts, mais pour $\dfrac{6}{5}$, on a partagé l'unité en 5 et pour $\dfrac{6}{7}$, on l'a partagée en 7.

c. On n'a, ni le même dénominateur, ni le même numérateur, mais on peut « amplifier » $\dfrac{5}{3}$ pour obtenir 12 comme dénominateur, en multipliant numérateur et dénominateur par 4. Donc $\dfrac{5}{3} = \dfrac{20}{12}$, or $\dfrac{19}{12} < \dfrac{20}{12}$, donc $\dfrac{19}{12} < \dfrac{5}{3}$

d. Pour comparer $\frac{3}{4}$ et $\frac{4}{5}$, on peut trouver un dénominateur commun :

$\frac{3}{4} = \frac{15}{20}$ et $\frac{4}{5} = \frac{16}{20}$, donc $\frac{3}{4} < \frac{4}{5}$

e. On peut remarquer que $\frac{1\,214}{1\,610} < 1$ (car $1\,214 < 1\,610$) par contre $\frac{1\,789}{1\,515} > 1$ (car $1\,789 > 1\,515$), donc $\frac{1\,214}{1\,610} < \frac{1\,789}{1\,515}$

Propriétés

- **Si deux fractions ont le même dénominateur,** la plus grande est celle qui a le plus grand numérateur.
- **Si deux fractions ont le même numérateur,** la plus grande est celle qui a le plus petit dénominateur.
- **Si une fraction a un dénominateur plus grand que son numérateur,** alors cette fraction est inférieure à 1.

! La comparaison des numérateurs respectifs et dénominateurs respectifs des fractions à comparer n'apporte aucune information quant à leur ordre.

Exemple : On a vu que $\frac{19}{12} < \frac{5}{3}$ et pourtant $19 > 5$ et $12 > 3$.

EXERCICE D'APPLICATION

Compléter avec < ou > .

a. $\frac{12}{15} \dots \frac{11}{15}$ **b.** $\frac{13}{10} \dots \frac{5}{4}$ **c.** $\frac{234}{248} \dots \frac{129}{125}$ **d.** $\frac{11}{13} \dots \frac{11}{12}$

Corrigé commenté :

a. $\frac{12}{15} > \frac{11}{15}$, car ces deux fractions ont le même dénominateur.

b. $\frac{13}{10} = \frac{26}{20}$ et $\frac{5}{4} = \frac{25}{20}$, donc $\frac{13}{10} > \frac{5}{4}$

c. $\frac{234}{248} < 1$ et $\frac{129}{125} > 1$, donc $\frac{234}{248} < \frac{129}{125}$

d. $\frac{11}{13} < \frac{11}{12}$, car ces deux fractions ont le même numérateur et $13 > 12$.

→ EXERCICES 12 à 14 p. 47 et 48

E Fraction comme abscisse d'un point

Pour démarrer *Tracer un segment [OA] de longueur 1 dm (10 cm).*

Placer le point M tel que OM est égal à $\frac{3}{4}$ de OA.

Placer le point N tel que ON est égal à $\frac{3}{2}$ de OA.

Réponse Vérifier le positionnement des points à l'aide de ces mesures :

$OM = 7{,}5$ cm, car $OA : 4 = 10 \text{ cm} : 4 = 2{,}5$ cm, donc $\frac{3}{4} OA = 2{,}5 \text{ cm} \times 3 = 7{,}5$ cm et $ON = 15$ cm.

On dit que, sur la demi-droite graduée [OA), le point M a pour abscisse $\frac{3}{4}$ et le point N a pour abscisse $\frac{3}{2}$. On note $M\left(\frac{3}{4}\right)$ et $N\left(\frac{3}{2}\right)$.

Définition À chaque fraction, on peut associer un point sur une droite graduée. **On dit que cette fraction est l'abscisse du point sur cette droite graduée.**

EXERCICES D'APPLICATION

1 On dispose de ces deux droites graduées :

a. Placer, sur la droite qui convient, les points :

$I\left(\frac{3}{5}\right)$; $J\left(\frac{257}{10}\right)$; $K\left(\frac{8}{10}\right)$; $L\left(\frac{2\,535}{100}\right)$

b. Trouver deux expressions possibles pour l'abscisse des points A ; B ; C ; D.

Corrigé commenté :

a. $I\left(\frac{3}{5}\right)$: $\frac{3}{5} < 1$. I doit être placé sur la 1re droite.

$J\left(\frac{257}{10}\right)$: En décomposant cette fraction sous forme d'une somme d'un entier et d'une fraction, on obtient : $\frac{257}{10} = 25 + \frac{7}{10}$. J doit être placé sur la 2e droite.

K $\left(\frac{8}{10}\right)$: $\frac{8}{10} = \frac{4}{5}$ (cf. § C 2 p. 26). K doit être placé sur la 1re droite.

L $\left(\frac{2\,535}{100}\right)$: $\frac{2\,535}{100} = 25 + \frac{35}{100}$

Mais, on n'a pas de droite graduée en centièmes.

On peut transformer $\frac{35}{100}$ en dixièmes et centièmes :

$35 = 30 + 5$, donc $\frac{35}{100} = \frac{30+5}{100} = \frac{30}{100} + \frac{5}{100}$, or $\frac{30}{100} = \frac{3}{10}$

donc $\frac{2\,535}{100} = 25 + \frac{3}{10} + \frac{5}{100}$, enfin $\frac{5}{100}$ est la moitié de $\frac{1}{10}$, car $\frac{1}{10} = \frac{10}{100}$

et $\frac{5}{100}$ est la moitié de $\frac{10}{100}$. L doit être placé sur la 2e droite.

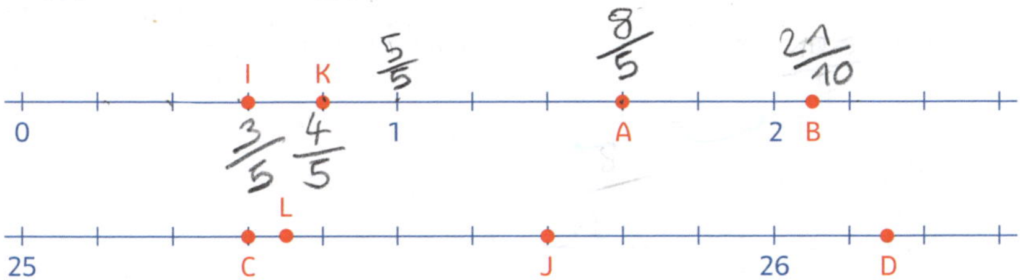

b. Réponses possibles (il en existe une infinité) :

Abscisse du point A : $\frac{8}{5} = 1 + \frac{3}{5} = 2 - \frac{2}{5}$

Abscisse du point B : $2 + \frac{1}{10}$ $\left(\text{car } \frac{1}{10} \text{ est la moitié de } \frac{1}{5} = \frac{2}{10}\right)$ ou $\frac{21}{10}$,

on partage chaque cinquième en 2, on obtient des dixièmes.

Abscisse du point C : $25 + \frac{3}{10} = \frac{253}{10} = 26 - \frac{7}{10}$

Abscisse du point D : $26 + \frac{1}{10} + \frac{5}{100}$ $\left(\text{car la moitié de } \frac{1}{10} = \frac{10}{100} \text{ est } \frac{5}{100}\right)$

ou encore $\frac{260}{10} + \frac{15}{100} = \frac{2\,600}{100} + \frac{15}{100} = \frac{2\,615}{100}$

2 En utilisant cette droite :

a. **Placer les points R** $\left(\frac{565}{100}\right)$ **et S** $\left(\frac{5\,675}{1\,000}\right)$

b. **Quelles sont les abscisses des points G et H ?**
Donner deux expressions de chacune de ces abscisses.

Corrigé commenté : Une graduation correspond à $\frac{1}{100}$.

a. R $\left(\frac{565}{100}\right)$: $\frac{565}{100} = \frac{560+5}{100} = \frac{560}{100} + \frac{5}{100} = \frac{56}{10} + \frac{5}{100}$

Cela permet de placer le point R.

S $\left(\frac{5\,675}{1\,000}\right)$: $\frac{5\,675}{1\,000} = \frac{5\,600+70+5}{1\,000} = \frac{5\,600}{1\,000} + \frac{70}{1\,000} + \frac{5}{1\,000} = \frac{56}{10} + \frac{7}{100} + \frac{5}{1\,000}$

or $\frac{5}{1\,000}$ est la moitié de $\frac{1}{100} = \frac{10}{1\,000}$. Cela permet de placer le point S.

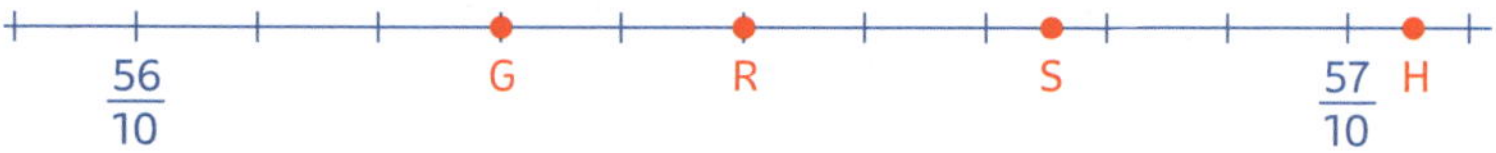

b. **Abscisse de G :** $\frac{56}{10} + \frac{3}{100} = \frac{560}{100} + \frac{3}{100} = \frac{563}{100}$

Abscisse de H : $\frac{57}{10} + \frac{5}{1\,000}$ (comme on l'a vu ci-dessus $\frac{5}{1\,000}$ est la moitié de $\frac{1}{100}$) ou encore $\frac{5\,705}{1\,000}$

→ EXERCICE 15 p. 48

2 Qu'est-ce qu'un nombre décimal ?

A Les fractions décimales

Définition **On appelle fraction décimale**, toute fraction dont le dénominateur est 10 ou 100 ou 1 000 ; ...

Exemple : $\frac{12}{100}$; $\frac{5}{10\,000}$; $\frac{3}{10}$ sont des fractions décimales.

EXERCICES D'APPLICATION

1 Écrire sous forme d'une somme d'un entier et de fractions décimales dont le numérateur est inférieur à 10.

a. $\dfrac{1\,345}{100}$ **b.** $\dfrac{7\,895}{10}$ **c.** $\dfrac{65}{100}$

Corrigé commenté :

a. $\dfrac{1\,345}{100} = \dfrac{1\,300 + 45}{100} = 13 + \dfrac{45}{100} = 13 + \dfrac{40 + 5}{100} = 13 + \dfrac{40}{100} + \dfrac{5}{100} = 13 + \dfrac{4}{10} + \dfrac{5}{100}$

b. $\dfrac{7\,895}{10} = 789 + \dfrac{5}{10}$ **c.** $\dfrac{65}{100} = 0 + \dfrac{6}{10} + \dfrac{5}{100}$

2 Écrire sous forme d'une seule fraction décimale.

a. $3 + \dfrac{5}{10} + \dfrac{3}{100}$ **b.** $45 + \dfrac{5}{100} + \dfrac{3}{10}$

Corrigé commenté :

a. $3 + \dfrac{5}{10} + \dfrac{3}{100} = \dfrac{300}{100} + \dfrac{50}{100} + \dfrac{3}{100} = \dfrac{353}{100}$

b. $45 + \dfrac{5}{100} + \dfrac{3}{10} = \dfrac{4\,500}{100} + \dfrac{5}{100} + \dfrac{30}{100} = \dfrac{4\,535}{100}$

3 Complète avec < ou >.

a. $5 + \dfrac{7}{10} \ldots 4 + \dfrac{9}{10}$

b. $12 + \dfrac{3}{100} \ldots 9 + \dfrac{2}{10} + \dfrac{5}{100}$

c. $6 + \dfrac{7}{10} \ldots 6 + \dfrac{9}{100}$

d. $5 + \dfrac{5}{10} \ldots 5 + \dfrac{38}{100}$

Corrigé commenté :

a. $5 + \dfrac{7}{10} > 4 + \dfrac{9}{10}$, car $5 + \dfrac{7}{10} = \dfrac{57}{10}$ et $4 + \dfrac{9}{10} = \dfrac{49}{10}$

b. $12 + \dfrac{3}{100} > 9 + \dfrac{2}{10} + \dfrac{5}{100}$, car $12 + \dfrac{3}{100} = \dfrac{1\,203}{100}$ et $9 + \dfrac{2}{10} + \dfrac{5}{100} = \dfrac{925}{100}$

c. $6 + \dfrac{7}{10} > 6 + \dfrac{9}{100}$, car $6 + \dfrac{7}{10} = \dfrac{67}{10} = \dfrac{670}{100}$ et $6 + \dfrac{9}{100} = \dfrac{609}{100}$

d. $5 + \dfrac{5}{10} > 5 + \dfrac{38}{100}$, car $5 + \dfrac{5}{10} = \dfrac{55}{10} = \dfrac{550}{100}$ et $5 + \dfrac{38}{100} = \dfrac{538}{100}$

→ EXERCICES 16 à 18 p. 48

B Une nouvelle notation

Pour faciliter les calculs avec les fractions décimales, une nouvelle notation a été créée indépendamment par les arabes (entre autres Al Kashi en 1427) et le financier mathématicien flamand Stevin en 1582.

Ce tableau montre comment écrire avec une virgule les fractions décimales :

Fraction décimale	Décomposition en somme de fractions décimales	Nombre décimal	Lecture
$\frac{125}{100}$	$1+\frac{2}{10}+\frac{5}{100}$	1,25	une unité et vingt-cinq centièmes
$\frac{247}{10}$	$24+\frac{7}{10}$	24,7	vingt-quatre unités et sept dixièmes
$\frac{125}{1\,000}$	$0+\frac{1}{10}+\frac{2}{100}+\frac{5}{1\,000}$	0,125	zéro unité et cent-vingt-cinq millièmes
$\frac{2\,702}{100}$	$27+\frac{0}{10}+\frac{2}{100}$	27,02	vingt-sept unités et deux centièmes

Remarque : 1,25 se lit habituellement *un virgule vingt-cinq*.
Cette lecture est source de difficulté dans la mesure où elle induit la représentation selon laquelle un nombre décimal est la juxtaposition de deux nombres entiers séparés par une virgule.

Par exemple, des élèves pensent que 3,4 < 3,12, car 3 = 3 et 4 < 12.

Définitions Dans 125,4723, le nombre 125 est **la partie entière** et 0,4723 est **la partie décimale**.
Ainsi, un nombre décimal est la somme de sa partie entière et de sa partie décimale (125,4723 = 125 + 0,4723)**.**
Dans une 1re approche, on appellera **nombre décimal,** un nombre qui peut s'écrire avec une virgule et dont la partie décimale a un nombre fini de chiffres autres que 0.

Conséquence **Tout nombre naturel est un nombre décimal**, il est sa propre partie entière et sa partie décimale est 0.

Exemple : 2 = 2,0

EXERCICES D'APPLICATION

1 Écrire sous forme d'une somme d'un nombre entier et de fractions décimales dont le numérateur est inférieur à 10, puis sous forme d'une seule fraction décimale.

a. 12,574 b. 3,074 c. 0,07 d. 42,01

Corrigé commenté :

a. $12{,}574 = 12 + \frac{5}{10} + \frac{7}{100} + \frac{4}{1000} = \frac{12\,574}{1000}$

b. $3{,}074 = 3 + \frac{0}{10} + \frac{7}{100} + \frac{4}{1000} = \frac{3\,074}{1000}$

c. $0{,}07 = 0 + \frac{0}{10} + \frac{7}{100} = \frac{7}{100}$

d. $42{,}01 = 42 + \frac{0}{10} + \frac{1}{100} = \frac{4\,201}{100}$

2 Écrire sous forme d'un nombre décimal.

a. $\frac{5}{10} + \frac{7}{100} + 5$ b. $\frac{6}{1000} + 5 + \frac{3}{10}$ c. $\frac{45}{1000} + 6$

Corrigé commenté :

a. $\frac{5}{10} + \frac{7}{100} + 5 = 5 + \frac{5}{10} + \frac{7}{100} = 5{,}57$

b. $\frac{6}{1000} + 5 + \frac{3}{10} = 5 + \frac{3}{10} + \frac{0}{100} + \frac{6}{1000} = 5{,}306$

c. $\frac{45}{1000} + 6 = 6 + \frac{0}{10} + \frac{4}{100} + \frac{5}{1000} = 6{,}045$

→ EXERCICES 19 à 21 p. 49

C « Chiffre de ... » et « Nombre de ... »

Propriétés Dans le système de numération des nombres décimaux, comme dans celui des nombres naturels :
- la valeur d'un chiffre dépend de son rang ;
- « 0 » indique qu'il n'y aucun regroupement à un rang donné.

Chiffre des centaines	Chiffre des dizaines	Chiffre des unités	Chiffre des dixièmes	Chiffres des centièmes	Chiffre des millièmes
	1	2,	3	4	
1	2	5,	0	5	

Exemple : Dans 12,34, le chiffre 1 est le chiffre des dizaines et le chiffre 3 est le chiffre des dixièmes.

Pour démarrer *Combien y a-t-il de dixièmes dans 12,34 ?*

Réponse

$$12{,}34 = 12 + \frac{3}{10} + \frac{4}{100} = \frac{120}{10} + \frac{3}{10} + \frac{4}{100} = \frac{123}{10} + \frac{4}{100}$$

Il y a donc 123 dixièmes dans 12,34.

❗ Ne pas confondre le chiffre des dixièmes (centièmes,...) et le nombre de dixièmes (centièmes, ...).
Exemple : dans 12,34, le 4 est le chiffre des centièmes, mais 1 234 est le nombre de centièmes.

EXERCICE D'APPLICATION

Dans 123,451 :

a. Quel est le chiffre : ◗ des centièmes ? ◗ des centaines ?

b. Quel est le nombre : ◗ de centaines ? ◗ de centièmes ?

Corrigé commenté : a. 5 et 1 **b.** 1 et 12 345

→ EXERCICES 22 et 23 p. 49

D Comparer des nombres décimaux

Pour démarrer **1** *Comparer 12,3 et 12,291.*

Réponse $12{,}3 = 12 + \frac{3}{10} = \frac{123}{10} = \frac{12\,300}{1\,000}$

$$12{,}291 = 12 + \frac{2}{10} + \frac{9}{100} + \frac{1}{1\,000} = \frac{12\,291}{1\,000}$$

Comme 12 300 > 12 291, on a $\frac{12\,300}{1\,000} > \frac{12\,291}{1\,000}$, donc 12,3 > 12,291

Procédure **Pour comparer deux nombres décimaux,** on compare les chiffres de même rang des deux nombres, en commençant par les chiffres du rang le plus élevé. On s'arrête dès que, à un même rang, on trouve deux chiffres différents. **Le plus grand nombre est alors celui qui a le plus grand chiffre.**

Conséquences **Si deux nombres décimaux ont :**

- **des parties entières différentes,** alors le plus grand est celui qui a la plus grande partie entière.
- **la même partie entière,** alors le plus grand est celui qui a le plus grand chiffre des dixièmes. Si les chiffres des dixièmes sont égaux, alors le plus grand est celui qui a le plus grand chiffre des centièmes, ...

Pour démarrer **2** **a.** *Existe-t-il un nombre naturel strictement compris entre 2 et 3 ?*
b. *Existe-t-il un nombre décimal strictement compris entre 2,1 et 2,2 ?*

Réponses

a. Non, puisque le suivant de 2 est 2 + 1 = 3.
b. Il existe une infinité de nombres décimaux entre 2,1 et 2,2.
Par exemple, 2,11 ; 2,11004 ; 2,114569 ; ...

Il y a une infinité de nombres décimaux entre deux nombres décimaux.

EXERCICE D'APPLICATION

Compléter avec < ou > ou =.

a. 12,589 ... 17,01
b. 15,57 ... 15,569
c. 7,58 ... 7,689
d. 12,001 ... 12,0009
e. 3,57 ... $3 + \frac{7}{100} + \frac{5}{10}$
f. 3,5000 ... 3,5

Corrigé commenté :

a. $12{,}589 < 17{,}01$
c. $7{,}58 < 7{,}689$
b. $15{,}57 > 15{,}569$
d. $12{,}001 > 12{,}0009$
e. $3{,}57 = 3 + \frac{7}{100} + \frac{5}{10}$
f. 3,5000 = 3,5, en effet $3{,}5000 = 3 + \frac{5}{10} + \frac{0}{100} + \frac{0}{1\,000} + \frac{0}{10\,000} = 3{,}5$

→ EXERCICES 24 à 27 p. 49 et 50

3 Quelle relation entre fraction et division ?

A Fraction – quotient

Pour démarrer **a.** *Tracer une demi-droite graduée [OA), OA = 1 dm.*
Placer le point M $\left(\frac{2}{5}\right)$ *et le point N* $\left(\frac{5}{4}\right)$.

b. *Calculer la mesure en dm des segments [OM] et [ON].*
c. *Vérifier votre calcul en mesurant les longueurs de ces deux segments.*
d. *Sans placer le point P* $\left(\frac{12}{5}\right)$*, calculer la longueur du segment [OP].*

Réponses

b. Pour placer *M*, on partage le segment [*OA*] en 5 segments égaux (donc la longueur d'un de ces segments est de 1 dm : 5 = 0,2 dm) et on en reporte deux à partir de *O*.
Donc *OM* = 2 × 0,2 dm = 0,4 dm
De même *ON* = (1 dm : 4) × 5 = 1,25 dm
On constate que, pour obtenir *OM*, il suffit d'effectuer la division de 2 par 5 et, pour *ON*, la division de 5 par 4.
d. Donc *OP* = 12 dm : 5 = 2,4 dm.

Rappel
OM est la longueur du segment [*OM*].

Propriété La fraction $\frac{a}{b}$ est égale au quotient de la division de *a* par *b*, ***a* : *b***.

Exemples : $\frac{3}{2} = 3 : 2 = 1{,}5$ $\frac{12}{4} = 12 : 4 = 3$ $\frac{125}{10} = 125 : 10 = 12{,}5$

EXERCICES D'APPLICATION

1 Écrire sous forme de fraction : **a.** 3,5 **b.** 12,31

Corrigé commenté : a. $3{,}5 = \frac{35}{10} = \frac{7}{2}$ **b.** $12{,}31 = \frac{1\,231}{100}$

2 Écrire sous forme d'un nombre décimal : **a.** $\frac{3}{4}$ **b.** $\frac{52}{100}$

Corrigé commenté : a. $\frac{3}{4} = 3 : 4 = 0{,}75$ **b.** $\frac{52}{100} = 52 : 100 = 0{,}52$

→ EXERCICES 28 et 29 p. 50

B Écriture décimale

Pour démarrer *Est-ce que toute fraction est égale à un nombre décimal ?*

Réponse

Non, par exemple $\frac{2}{3} = 2 : 3 = 0,66666....$ (avec une infinité de 6).

Ce n'est donc pas un nombre décimal puisqu'il a une infinité de chiffres non nuls dans sa partie décimale. Ce nombre est noté $0,\overline{6}$. Le trait sur le chiffre 6 indique que ce chiffre se répète indéfiniment.

$\frac{1\,224}{99} = 12,36363636\ ... = 12,\overline{36}$

$12,\overline{36}$ est **l'écriture décimale** de $\frac{1\,224}{99}$, mais ce n'est pas un nombre décimal.

Propriété Toute fraction n'est pas égale à un nombre décimal.
Par contre, tout nombre décimal peut s'écrire sous forme d'une fraction.

Définition On appelle « **écriture décimale** » d'une fraction, son écriture avec une virgule.
La partie décimale peut avoir une infinité de chiffres non nuls.

Conséquence **L'écriture décimale d'une fraction** a soit une partie décimale finie (dans ce cas, la fraction est un nombre décimal) soit une partie décimale infinie et, dans ce cas, elle est **périodique**.

Remarque : Le passage d'une fraction à son écriture décimale permet de comparer des fractions.

Par exemple, pour comparer $\frac{5}{7}$ et $\frac{6}{8}$:

$\frac{5}{7} < 0,715$ et $\frac{6}{8} = 0,75$ donc $\frac{5}{7} < \frac{6}{8}$

▪ EXERCICE D'APPLICATION

$\frac{5}{7}$ est-il un nombre décimal ?

Corrigé commenté :

On effectue la division de 5 par 7 :

50	7
10	0,7142857…
30	
20	
60	
40	
50	
1	

Au bout d'un moment, on retombe sur un reste que l'on a déjà obtenu. Cela permet de conclure qu'on va retrouver les mêmes quotients.

Donc $\frac{5}{7} = 0,\overline{714285}$

Remarque : Lorsqu'on calcule le quotient de deux entiers, l'ensemble des restes possibles est fini (puisque chaque reste est un entier inférieur au diviseur). En conséquence, soit un des restes est nul, soit au bout d'un nombre fini de cas, on va obtenir un reste déjà trouvé préalablement.

→ EXERCICES 30 et 31 p. 50

4 Comment calculer les $\frac{a}{b}$ d'un nombre ?

Pour démarrer **1** **a.** *Un maraicher a étalé ses pommes pour les conserver.*

Il a environ 450 pommes et constate qu'environ $\frac{2}{5}$ d'entre elles sont mures.

Combien a-t-il de pommes mures ?

b. *On reprend la réponse à la question **a**.*

On sait que $\frac{2}{5} = 0,4$ (« fraction-quotient »).

Quel lien peut-on établir entre 450 ; 180 et 0,4 ?

Réponses **a.** En s'appuyant sur la « fraction-mesure d'une grandeur » (cf. § **A** p. 21), on peut affirmer que $\frac{1}{5}$ du nombre de pommes est égal à $450 : 5 = 90$ pommes, donc $\frac{2}{5}$ du nombre de pommes est égal à $2 \times 90 = 180$.

Donc $\frac{2}{5}$ de 450 est égal à 180. Il a donc 180 pommes mures.

b. $450 \times 0{,}4 = 180$

Propriété Quels que soient les naturels *a*, *b* et *c* (avec *b* non nul) :

$$\frac{a}{b} \text{ de } c \text{ est égal à } \frac{a}{b} \times c$$

Ce qui peut se traduire par : « **Pour calculer la fraction d'un nombre, on peut multiplier ce nombre par cette fraction** ».

Pour démarrer **2** *Calculer de trois façons différentes : $\frac{3}{4}$ de 80.*

Réponse

▶ **1re méthode :** $\frac{1}{4}$ de 80 est égal à $80 : 4 = 20$, donc $\frac{3}{4}$ de 80 est égal à $3 \times 20 = 60$.

▶ **2e méthode :** $\frac{3}{4} = 0{,}75$, donc $\frac{3}{4}$ de 80 est égal à $0{,}75 \times 80 = 60$.

▶ **3e méthode :** $3 \times 80 = 240$ et $240 : 4 = 60$

Propriété Quels que soient les naturels *a*, *b* et *c* (avec *b* non nul) :

$$\frac{a}{b} \times c = (c : b) \times a \qquad \frac{a}{b} \times c = (a : b) \times c \qquad \frac{a}{b} \times c = (a \times c) : b$$

Pour démarrer **3** **a.** *Une citerne de gasoil de 750 L est remplie aux $\frac{3}{5}$. Combien contient-elle de gasoil ?*

b. *Une citerne de gasoil est remplie aux $\frac{3}{5}$. Elle contient 750 L de gasoil. Quelle est la contenance de cette citerne ?*

Réponses

a. Avec une des méthodes ci-dessus, on calcule les $\frac{3}{5}$ de 750 L, on trouve 450 L.

b. Attention, il ne s'agit pas de calculer les $\frac{3}{5}$ de 750. En effet, 750 n'est pas l'unité mais correspond aux $\frac{3}{5}$ de la citerne. D'ailleurs, en calculant les $\frac{3}{5}$ de 750 L, on obtient un volume inférieur à 750 L, ce qui n'est pas possible.

▶ **1re méthode : Utiliser un schéma.**

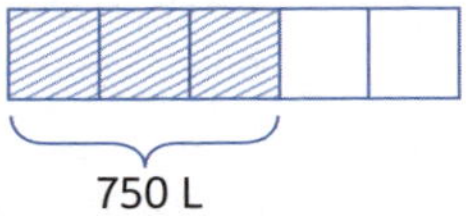

750 L représente $\frac{3}{5}$ du réservoir, donc $\frac{1}{5}$ du réservoir correspond à 750 L : 3 = 250 L.

Donc la totalité du réservoir qui correspond à $\frac{5}{5}$ contient : 250 L × 5 = 1 250 L

▶ **2e méthode : Utiliser le calcul littéral.**

Soit x la contenance totale du réservoir en L, $\frac{3}{5}$ de x correspondent à 750 L.

$\frac{3}{5}x = 750$, donc $0{,}6x = 750$, donc $x = 750 : 0{,}6 = 1\,250$ (cf. *Chapitre 9*)

La contenance totale du réservoir est de 1 250 L.

❗ Ne pas confondre les exercices de recherche des $\frac{a}{b}$ d'une unité donnée et les exercices de recherche de l'unité connaissant la valeur des $\frac{a}{b}$ de cette unité.

■ EXERCICES D'APPLICATION

1 **Calculer le plus simplement possible : a.** $\frac{5}{7}$ **de 14** **b.** $\frac{3}{8}$ **de 92** **c.** $\frac{7}{21}$ **de 9**

Corrigé commenté :

a. $\frac{5}{7} \times 14 = (14 : 7) \times 5 = 10$ **b.** $\frac{3}{8} \times 92 = (3 : 8) \times 92 = 34{,}5$

c. $\frac{7}{21} = \frac{1}{3}$, donc $\frac{1}{3} \times 9 = (1 \times 9) : 3 = 9 : 3 = 3$

2 **a.** Un sac contient 250 billes dont les $\frac{7}{10}$ sont rouges.
Combien y a-t-il de billes rouges ?

b. Pour acheter un cadeau à son ami, Sarah a utilisé les $\frac{5}{8}$ de ces points de fidélité. Elle avait 4 800 points de fidélité avant l'achat.
Combien de points de fidélité a-t-elle utilisés pour cet achat ?

c. Pour une fête d'école, $\frac{2}{5}$ des billets ont été vendus.

Cela représente 436 billets.
Combien de billets au total ont été mis en vente ?

Corrigé commenté :

a. 250 billes × $\frac{7}{10}$ = 175 billes b. 4 800 points × $\frac{5}{8}$ = 3 000 points

c. $\frac{1}{5}$ correspond à 436 billets : 2 = 218 billets. 218 billets × 5 = 1 090 billets.

3 a. Un sac contient des boules rouges et des boules vertes. $\frac{3}{5}$ des boules sont vertes. **Quelle est la fraction de boules rouges ?**

b. Dans un club sportif, $\frac{3}{7}$ des adhérents sont des garçons.

Quelle est la fraction de filles ?

c. Dans un massif de 135 fleurs, il y a 45 tulipes.

Quelle est la fraction de tulipes dans ce massif ?

Corrigé commenté :

a. $\frac{5}{5} - \frac{3}{5} = \frac{2}{5}$ b. $\frac{7}{7} - \frac{3}{7} = \frac{4}{7}$ c. $\frac{45}{135} = \frac{1}{3}$

4 Au concours PE d'une académie, il y a 2 760 personnes inscrites. Les $\frac{5}{6}$ sont des filles. **Quel est le nombre de garçons inscrits au concours ?**

Corrigé commenté :

▶ **Méthode 1 :** Il y a $\frac{6}{6} - \frac{5}{6} = \frac{1}{6}$ de garçons. 2 760 × $\frac{1}{6}$ = 460. Il y a 460 garçons.

▶ **Méthode 2 :** 2 760 × $\frac{5}{6}$ = 2 300. Il y a 2 300 filles.

2 760 – 2 300 = 460. Il y a 460 garçons.

→ EXERCICES 32 à 40 p. 50 et 51

5 Existe-t-il d'autres types de nombres ?

Dans le chapitre 1, on a présenté l'ensemble des entiers naturels.
Dans ce chapitre, on a abordé un autre type de nombres à travers les fractions.
Ces nombres sont appelés des **nombres rationnels.**

Définition **Un nombre rationnel** est le quotient de deux nombres entiers. L'ensemble des nombres rationnels est noté $\mathbb{Q}$.

Parmi les nombres rationnels, il y a les nombres décimaux.
Voici une définition plus mathématique de ces nombres :

Définition **Un nombre décimal** est le quotient d'un entier par une puissance de 10. L'ensemble des nombres décimaux est noté $\mathbb{D}$.

Conséquence **Un nombre entier** est un nombre décimal, donc un nombre rationnel.

Justification : Tout nombre entier n peut s'écrire $\frac{n}{1}$ et 1 est une puissance de 10, car $1 = 10^0$ (Cf. *chapitre 1* p. 7).

Propriétés

- Tout nombre décimal est un nombre rationnel.
- Par contre, des nombres rationnels ne sont pas des nombres décimaux (exemple : $\frac{2}{3}$; $\frac{1}{9}$; $\frac{5}{7}$; ...)
- Tout nombre rationnel a une écriture décimale. Si ce n'est pas un nombre décimal, cette écriture a une partie décimale périodique (donc illimitée).

La 1re propriété découle directement de la définition d'un nombre décimal.

Certains nombres ne sont pas des nombres rationnels :

- le nombre positif dont le carré est 2, noté $\sqrt{2}$, est la longueur du côté du carré dont l'aire est 2.

C'est **un nombre réel non rationnel**, on dit **irrationnel**.

- π

La racine carrée

Si a est un nombre positif, on appelle racine carrée de a, le nombre positif dont le carré est a. Il est noté $\sqrt{a}$

Exemple : $\sqrt{9} = 3$, car $3^2 = 9$.

Conclusion On démontre que **l'ensemble des nombres réels $\mathbb{R}$** comprend tous les nombres rationnels (donc tous les nombres décimaux, donc tous les entiers naturels) et d'autres nombres appelés irrationnels.

▪ EXERCICE D'APPLICATION

Pour chaque nombre, préciser à quel(s) ensemble(s) il appartient :

$7 \quad 18{,}0 \quad \sqrt{3} \quad 3{,}7 \quad \dfrac{8}{13} \quad \dfrac{45}{100} \quad 2{,}\overline{45} \quad \sqrt{4} \quad \dfrac{7}{64}$

Corrigé commenté :

7 est un nombre entier, décimal, rationnel, donc réel.

18,0 = 18, est un nombre entier, décimal, rationnel, donc réel.

$\sqrt{3}$ est un nombre réel irrationnel.

$3{,}7 = \dfrac{37}{10}$, est un nombre décimal, rationnel, donc réel.

$\dfrac{8}{13}$ est un nombre rationnel (quotient de deux nombres entiers), donc réel.

Pour savoir si c'est un nombre décimal, on effectue la division de 8 par 13.

En effectuant cette division, on trouve $\dfrac{8}{13} = 0{,}\overline{615384}$ ce n'est donc pas un nombre décimal.

$\dfrac{45}{100}$ est un nombre décimal, rationnel, donc réel.

$2{,}\overline{45}$ est un nombre rationnel, donc réel.

$\sqrt{4}$ est le nombre positif dont le carré est 4, donc 2, c'est donc un nombre entier, décimal, rationnel, donc réel.

$\dfrac{7}{64}$ est un nombre rationnel, donc réel.

Pour savoir si c'est un nombre décimal, on effectue la division de 7 par 64, on trouve 0,109375. C'est donc un nombre décimal.

! Il faut bien distinguer l'écriture d'un nombre et sa nature.

Par exemple, le fait qu'un nombre s'écrive avec une virgule ne prouve pas que ce soit un nombre décimal (par exemple, $2{,}\overline{45}$). Le fait qu'un nombre s'écrive sous forme d'une fraction ne prouve pas que ce n'est pas un nombre entier (par exemple, $\dfrac{10}{5} = 2$). Le fait qu'un nombre s'écrive avec une racine carrée ne prouve pas que ce soit un nombre irrationnel (par exemple, $\sqrt{4} = 2$), ...

→ EXERCICES 41 et 42 p. 52

S'ENTRAINER

Lire et représenter les $\frac{a}{b}$ de la longueur d'un segment, de l'aire d'une surface

1 **a.** En prenant comme unité l'aire du rectangle ci-contre, hachurer une surface dont l'aire mesure $\frac{3}{4}u$ et une autre dont l'aire mesure $\frac{6}{5}u$.

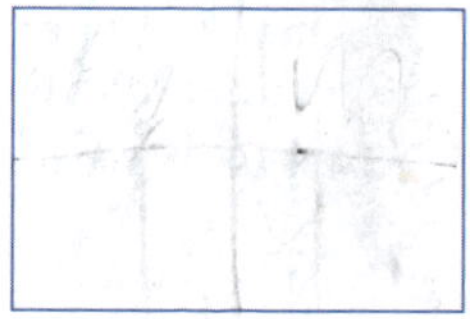

b.

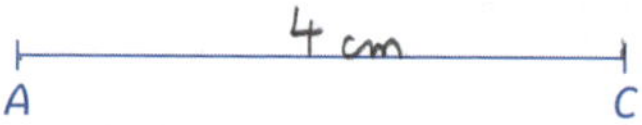

En prenant comme unité la longueur du segment $[AC]$, tracer un segment $[EF]$ de longueur $\frac{2}{6}u$ et un segment $[GH]$ de longueur $\frac{5}{4}u$.

2 **Dans chaque cas, compléter :**

a. On a hachuré les ... de l'aire du carré.

b. On a hachuré les ... de l'aire du disque.

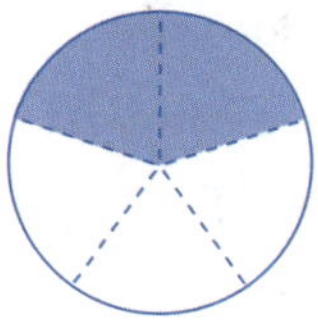

c. On a hachuré les ... de l'aire du rectangle.

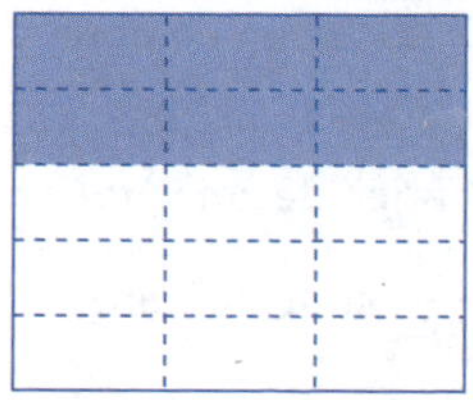

3 Tracer un segment $[AB]$ tel que $AB = 12$ cm. **Placer sur $[AB]$:**

a. M tel que $AM = \frac{3}{4}AB$

b. N tel que $AN = \frac{2}{3}AB$

c. P tel que $AP = \frac{5}{3}AB$

d. Q tel que $AQ = \frac{9}{5}AB$

4 **En utilisant cette droite graduée, compléter avec une fraction :**

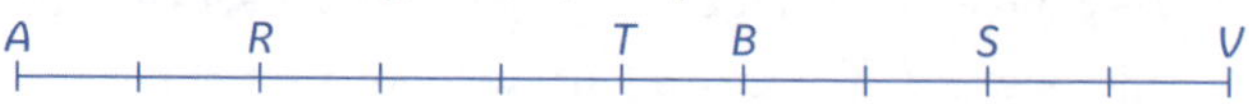

a. AR est égal aux ... de AB.

b. AS est égal aux ... de AB.

c. AT est égal aux ... de AB.

d. AV est égal aux ... de AB.

e. AR est égal aux ... de AT.

f. AB est égal aux ... de AS.

Écrire une fraction supérieure à 1 sous forme d'une somme d'un entier et d'une fraction inférieure à 1 et inversement

5 Dans chaque cas, combien faut-il prévoir de disques pour hachurer :

a. $\frac{12}{5}$ de l'aire du disque

b. $\frac{5}{6}$ de l'aire du disque

c. $\frac{124}{5}$ de l'aire du disque

d. $\frac{254}{10}$ de l'aire du disque

6 Écrire sous forme d'une somme d'un nombre entier et d'une fraction inférieure à 1.

a. $\frac{12}{5}$ b. $\frac{27}{4}$ c. $\frac{375}{6}$ d. $\frac{247}{12}$

7 Écrire sous forme d'une fraction : a. $5+\frac{2}{3}$ b. $12+\frac{5}{4}$ c. $27+\frac{2}{5}$ d. $47+\frac{1}{9}$

Reconnaitre si deux fractions sont égales

8 Vrai ou faux ? a. $\frac{3}{5}=\frac{15}{25}$ b. $\frac{21}{14}=\frac{3}{2}$ c. $\frac{3}{11}=\frac{9}{22}$ d. $\frac{2}{5}=\frac{14}{34}$

9 Vrai ou faux ? a. $\frac{9}{21}=\frac{24}{56}$ b. $\frac{36}{30}=\frac{54}{45}$ c. $\frac{60}{36}=\frac{35}{24}$ d. $\frac{49}{56}=\frac{70}{80}$

10 Trouver une fraction irréductible égale à :

a. $\frac{30}{54}$ b. $\frac{14}{7}$ c. $\frac{27}{81}$ d. $\frac{170}{102}$

11 En utilisant la propriété des produits croisés, préciser si ces fractions sont égales ou pas.

a. $\frac{76}{95}$ et $\frac{92}{115}$ b. $\frac{472}{371}$ et $\frac{438}{345}$

Comparer des fractions

12 Compléter avec < ou > .

a. $\frac{11}{5}$ ... $\frac{14}{5}$ b. $\frac{5}{7}$ ... $\frac{5}{9}$ c. $\frac{3}{4}$ ... $\frac{7}{8}$ d. $\frac{12}{22}$ ... $\frac{5}{11}$

13 Compléter avec < ou >.

a. $\frac{125}{247} \dots \frac{128}{124}$ b. $\frac{5}{7} \dots \frac{4}{5}$ c. $\frac{6}{5} \dots \frac{25}{20}$ d. $\frac{12}{14} \dots \frac{21}{24}$

14 Ranger dans l'ordre croissant : $\frac{3}{5}$ $\frac{7}{10}$ $\frac{6}{5}$ $\frac{11}{10}$ $\frac{3}{4}$

Placer des fractions sur une droite graduée et lire l'abscisse d'un point

15 a. Placer sur la droite graduée qui convient :

$A\left(\frac{37}{3}\right)$; $B\left(\frac{49}{5}\right)$; $C\left(\frac{57}{10}\right)$; $D\left(\frac{93}{10}\right)$

b. Déterminer les abscisses des points E, F et G.

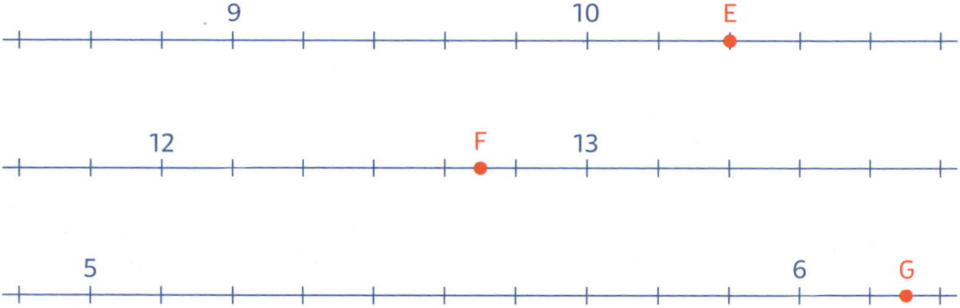

Modifier l'écriture d'une fraction décimale

16 Écrire sous forme d'une somme d'un entier et de fractions décimales dont le numérateur est inférieur à 10.

a. $\frac{357}{10}$ b. $\frac{57}{100}$ c. $\frac{405}{100}$ d. $\frac{3\,503}{1\,000}$

17 Écrire sous forme d'une seule fraction décimale.

a. $12 + \frac{5}{10} + \frac{3}{100}$ b. $5 + \frac{3}{100}$ c. $\frac{12}{100} + \frac{3}{10} + \frac{5}{1\,000}$ d. $28 + \frac{7}{1\,000}$

18 Complète avec < ou > : a. $3 + \frac{5}{10} + \frac{3}{100} \dots \frac{9}{10} + \frac{9}{100}$ b. $\frac{4}{10} + \frac{3}{100} \dots 3 + \frac{2}{100}$

Passer d'une fraction décimale à un nombre décimal et inversement

19 Écrire sous forme d'un nombre décimal.

a. $5+\frac{3}{10}+\frac{5}{100}$ b. $2+\frac{5}{100}$ c. $\frac{5}{100}+12+\frac{2}{10}$ d. $\frac{456}{100}$

20 Écrire sous forme d'un nombre décimal.

a. $3+\frac{5}{10}+\frac{6}{10}$ b. $5+\frac{45}{100}+\frac{56}{100}$ c. $\frac{5}{100}+\frac{7}{100}+\frac{5}{10}+6$

21 Écrire sous forme d'une somme d'un entier et de fractions décimales dont le numérateur est inférieur à 10, puis sous forme d'une fraction décimale.

a. 5,37 b. 6,05 c. 0,0051 d. 37,502

Déterminer le chiffre des dizaines, dixièmes, ... et le nombre de dizaines, dixièmes, ...

22 Dans 145,034 :

a. Quel est le chiffre des dixièmes ?
b. Quel est le chiffre des dizaines ?
c. Quel est le nombre de dixièmes ?
d. Quel est le nombre de dizaines ?

23 Compléter le tableau.

	Chiffre des :				Nombre de :	
	centaines	centièmes	dixièmes	dizaines	dixièmes	centièmes
12,57						
3,051						
152,356						
458,005						

Comparer des nombres décimaux

24 Compléter avec < , > ou =.

a. 3,45 ... 12,04 b. 15,57 ... 15,6 c. 6,57 ... $6+\frac{6}{100}+\frac{5}{10}$ d. 4,500 ... 4,5

25 Ranger par ordre croissant :

12,51 ; 9,09 ; $\frac{5}{10}+\frac{8}{100}+6$; 6,49 ; $\frac{91}{10}$; $\frac{128}{10}$; $\frac{65}{10}$

26 Supprimer les zéros « inutiles ».

a. 30,500 b. 105,050 c. 041,017 d. 30,50700

27 Trouver, si possible, 5 nombres décimaux compris entre 12,25 et 12,26.

Passer d'une fraction à son écriture décimale et inversement

28 Écrire sous forme d'une fraction.

a. 3,6 b. 17,08 c. 3,501

29 Écrire sous forme d'un nombre décimal.

a. $\frac{7}{5}$ b. $\frac{47}{10}$ c. $\frac{17}{16}$ d. $\frac{354}{30}$

Trouver l'écriture décimale d'une fraction

30 Pour chaque fraction, préciser s'il s'agit d'un nombre décimal. Si oui, donner son écriture décimale.

a. $\frac{7}{11}$ b. $\frac{5}{8}$ c. $\frac{12}{13}$

31 Compléter avec $<$ ou $>$.

a. $\frac{37}{5} \dots \frac{75}{9}$ b. $\frac{17}{9} \dots \frac{18}{10}$ c. $\frac{254}{48} \dots \frac{257}{51}$

Calculer les $\frac{a}{b}$ d'un nombre connu ou connaissant les $\frac{a}{b}$ d'un nombre inconnu, trouver ce nombre

32 Calculer : a. $\frac{4}{7}$ de 28 b. $\frac{3}{5}$ de 41 c. $\frac{3}{7}$ de 42

33 a. Pour me rendre sur mon lieu de vacances, je dois parcourir 450 km. À midi, j'ai parcouru 250 km.
Quelle fraction du trajet me reste-t-il à parcourir ?
b. J'ai lu 150 pages de mon roman, il m'en reste 250.
Quelle fraction du roman ai-je lu ?
c. J'ai dépensé $\frac{2}{5}$ de mon salaire le 12 du mois.
Quelle fraction de salaire me reste-t-il ?

34 a. Estelle doit effectuer une randonnée de 20 km. À 16 h, elle estime qu'elle a effectué les $\frac{4}{5}$ de sa randonnée. **Quelle distance a-t-elle alors parcourue ?**

b. Alex estime qu'il a lu les $\frac{3}{5}$ de son livre, soit 150 pages.

Combien son livre contient-il de pages ?

c. Au restaurant, Evelyne a cassé 12 assiettes, soit les $\frac{2}{3}$ des assiettes qu'elle portait. **Combien d'assiettes portait-elle ?**

35 a. Dans un appartement, on a posé 45 m^2 de parquet. Cela correspond à $\frac{5}{9}$ de la superficie de l'appartement. **Quelle est la superficie de cet appartement ?**

b. Dans un parking de 525 places, $\frac{3}{7}$ des places sont couvertes.

Combien y a-t-il de places couvertes ?

36 Il y a deux types de places dans le stade. Des places en tribune centrale et des places en tribunes latérales. $\frac{3}{5}$ des places sont en tribunes latérales.

Il y a en tout 15 000 places dans ce stade.
Combien y a-t-il de places en tribune centrale ?

37 Dans une urne, il y a 252 billes vertes. Il y a également des billes rouges. $\frac{5}{12}$ des billes sont rouges. **Combien de billes y a-t-il au total ?**

38 Dans la corbeille, il y a 20 fruits uniquement des pommes et des bananes. Il y a 8 pommes.

Au bout d'une semaine, Alicia a mangé $\frac{2}{3}$ des bananes.

Combien de bananes reste-t-il dans la corbeille ?

39 Durant le Weekend, Gisèle a ramassé 120 kg de noix qu'elle répartit équitablement dans des sacs. Le samedi soir, elle a rempli $\frac{3}{4}$ des sacs, soit 45 sacs.

Quelle masse de noix y a-t-il dans chaque sac ?

40 Le disque dur amovible d'Amélie contient uniquement des vidéos et des photos. Les photos occupent $\frac{3}{5}$ de l'espace de ce disque. Les vidéos occupent 300 Go.

Quelle est la capacité totale du disque dur amovible d'Amélie ?

Connaitre la nature d'un nombre

41 Ces nombres sont-ils des nombres décimaux ?

a. $\frac{19}{8}$ b. $\frac{5}{3}$ c. $\frac{11}{9}$ d. $\frac{5}{13}$

42 Vrai ou faux ?

a. 11,99 appartient à $\mathbb{D}$.

b. $\sqrt{81}$ appartient à $\mathbb{N}$.

c. $\sqrt{81}$ appartient à $\mathbb{Q}$.

d. $\frac{5}{11}$ appartient à $\mathbb{D}$.

e. $2,\overline{3}$ appartient à $\mathbb{Q}$.

f. $\frac{5}{16}$ appartient à $\mathbb{D}$.

CORRIGÉS

1 a. Surface d'aire $\frac{3}{4}u$:

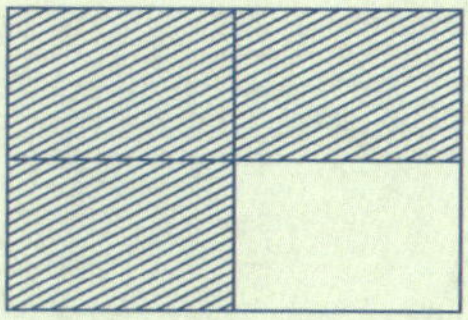

Surface d'aire $\frac{6}{5}u$:

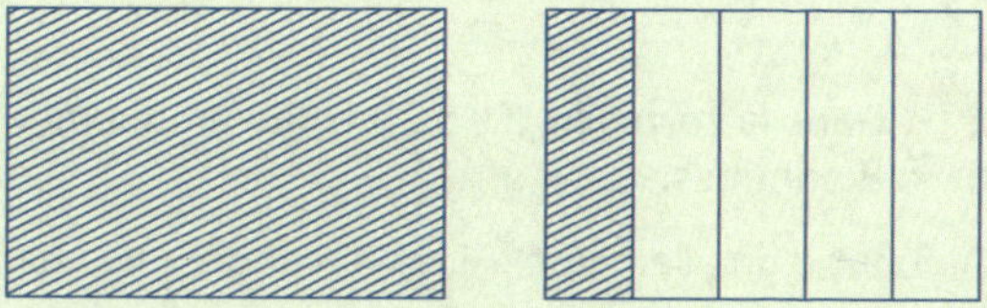

b. Le segment [*EF*] doit mesurer environ 1,3 cm et le segment [*GH*] doit mesurer 5 cm.

2 a. $\frac{1}{4}$ b. $\frac{2}{5}$ c. $\frac{2}{5}$ ou $\frac{6}{15}$

Remarque : Il y a bien sûr une infinité de réponses.

3 Vérifier le placement des points avec les mesures suivantes :
a. $AM = 9$ cm b. $AN = 8$ cm c. $AP = 20$ cm d. $AQ = 21,6$ cm

4 a. AR est égal aux $\frac{2}{6} = \frac{1}{3}$ de AB.

b. AS est égal aux $\frac{8}{6} = \frac{4}{3}$ de AB.

c. AT est égal aux $\frac{5}{6}$ de AB.

d. AV est égal aux $\frac{10}{6} = \frac{5}{3}$ de AB.

e. AR est égal aux $\frac{2}{5}$ de AT.

f. AB est égal aux $\frac{6}{8} = \frac{3}{4}$ de AS.

5 a. 3 disques. On hachure $\frac{2}{5}$ du 3ᵉ disque. b. 1 disque

c. 25 disques. On hachure $\frac{4}{5}$ du 25ᵉ disque.

d. 26 disques. On hachure $\frac{4}{10}$ ou $\frac{2}{5}$ du 26ᵉ disque.

6 a. $\frac{12}{5} = 2 + \frac{2}{5}$ b. $\frac{27}{4} = 6 + \frac{3}{4}$ c. $\frac{375}{6} = 62 + \frac{3}{6}$ d. $\frac{247}{12} = 20 + \frac{7}{12}$

7 a. $\frac{17}{3}$ b. $\frac{53}{4}$ c. $\frac{137}{5}$ d. $\frac{424}{9}$

8 a. Vrai b. Vrai c. Faux d. Faux

9 a. Vrai, car $\frac{9}{21} = \frac{3}{7}$ et $\frac{24}{56} = \frac{3}{7}$

b. Vrai, car $\frac{36}{30} = \frac{6}{5}$ et $\frac{54}{45} = \frac{6}{5}$

c. Faux, car $\frac{60}{36} = \frac{5}{3}$ et $\frac{35}{24}$ est irréductible

d. Vrai, car $\frac{49}{56} = \frac{7}{8}$ et $\frac{70}{80} = \frac{7}{8}$

10 a. $\frac{30}{54} = \frac{5}{9}$ b. $\frac{14}{7} = 2$ c. $\frac{27}{81} = \frac{1}{3}$ d. $\frac{170}{102} = \frac{170 : 34}{102 : 34} = \frac{5}{3}$

11 a. $76 \times 115 = 8\,740$ et $95 \times 92 = 8\,740$, donc $\frac{76}{95} = \frac{92}{115}$

b. 472×345 se termine par 0 et 371×438 se termine par 8, donc ces deux produits ne sont pas égaux, donc les fractions $\frac{472}{371}$ et $\frac{438}{345}$ ne sont pas égales.

12 **a.** $\frac{11}{5} < \frac{14}{5}$ **b.** $\frac{5}{7} > \frac{5}{9}$ **c.** $\frac{3}{4} < \frac{7}{8}\left(\frac{3}{4} = \frac{6}{8}\right)$ **d.** $\frac{12}{22} > \frac{5}{11}\left(\frac{12}{22} = \frac{6}{11}\right)$

13 **a.** $\frac{125}{247} < \frac{128}{124}$, car $\frac{125}{247} < 1$ et $\frac{128}{124} > 1$

b. $\frac{5}{7} = \frac{25}{35}$ et $\frac{4}{5} = \frac{28}{35}$, donc $\frac{5}{7} < \frac{4}{5}$

c. $\frac{6}{5} < \frac{25}{20}$, car $\frac{6}{5} = \frac{24}{20}$ **d.** $\frac{12}{14} < \frac{21}{24}$, car $\frac{12}{14} < 0{,}857$ et $\frac{21}{24} = 0{,}875$

14 **a.** Les fractions plus grandes que 1 sont $\frac{6}{5}$ et $\frac{11}{10}$, or $\frac{6}{5} = \frac{12}{10}$, donc $\frac{11}{10} < \frac{6}{5}$.

Les fractions inférieures à 1 sont $\frac{3}{5}$; $\frac{3}{4}$ et $\frac{7}{10}$, or $\frac{3}{5} = \frac{12}{20}$; $\frac{3}{4} = \frac{15}{20}$; $\frac{7}{10} = \frac{14}{20}$

Donc $\frac{3}{5} < \frac{7}{10} < \frac{3}{4}$, donc $\frac{3}{5} < \frac{7}{10} < \frac{3}{4} < \frac{11}{10} < \frac{6}{5}$

Remarque : On peut aussi passer par l'écriture décimale de ces nombres.

15 **a.** $\frac{37}{3} = 12 + \frac{1}{3}$, on place donc A sur la 2e droite graduée

$\frac{49}{5} = 9 + \frac{4}{5}$, on place donc B sur la 1re droite graduée.

$\frac{57}{10} = 5 + \frac{7}{10}$, on place donc C sur la 3e droite graduée.

$\frac{93}{10} = 9 + \frac{3}{10}$, on place donc D sur la 1re droite graduée. On partage en deux la graduation pour avoir des dixièmes.

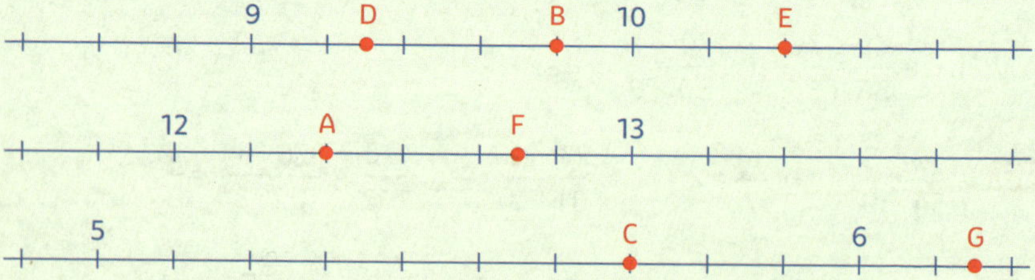

b. Abscisses de E $\left(10 + \frac{2}{5} = \frac{52}{5}\right)$; F $\left(12 + \frac{4}{6} + \frac{1}{12} = 12 + \frac{9}{12} = \frac{153}{12}\right)$;

G $\left(6 + \frac{1}{10} + \frac{1}{20} = 6 + \frac{3}{20} = \frac{123}{20}\right)$

16 a. $35+\frac{7}{10}$

b. $\frac{57}{100}=0+\frac{50}{100}+\frac{7}{100}=0+\frac{5}{10}+\frac{7}{100}$

c. $\frac{405}{100}=4+\frac{5}{100}$

d. $\frac{3\,503}{1000}=3+\frac{5}{10}+\frac{3}{1000}$

17 a. $12+\frac{5}{10}+\frac{3}{100}=\frac{1\,200}{100}+\frac{50}{100}+\frac{3}{100}=\frac{1\,253}{100}$

b. $5+\frac{3}{100}=\frac{500}{100}+\frac{3}{100}=\frac{503}{100}$

c. $\frac{12}{100}+\frac{3}{10}+\frac{5}{1000}=\frac{120}{1000}+\frac{300}{1000}+\frac{5}{1000}=\frac{425}{1000}$

d. $28+\frac{7}{1000}=\frac{28\,000}{1000}+\frac{7}{1000}=\frac{28\,007}{1000}$

18 a. $3+\frac{5}{10}+\frac{3}{100}>\frac{9}{10}+\frac{9}{100}$, car $3+\frac{5}{10}+\frac{3}{100}=\frac{353}{100}$ et $\frac{9}{10}+\frac{9}{100}=\frac{99}{100}$

b. $\frac{4}{10}+\frac{3}{100}<3+\frac{2}{100}$, car $\frac{4}{10}+\frac{3}{100}=\frac{43}{100}$ et $3+\frac{2}{100}=\frac{302}{100}$

19 a. $5+\frac{3}{10}+\frac{5}{100}=5{,}35$

b. $2+\frac{5}{100}=2+\frac{0}{10}+\frac{5}{100}=2{,}05$

c. $\frac{5}{100}+12+\frac{2}{10}=12+\frac{2}{10}+\frac{5}{100}=12{,}25$

d. $\frac{456}{100}=4+\frac{5}{10}+\frac{6}{100}=4{,}56$

20 a. $3+\frac{5}{10}+\frac{6}{10}=3+\frac{11}{10}=3+\frac{10+1}{10}=3+1+\frac{1}{10}=4+\frac{1}{10}=4{,}1$

b. $5+\frac{45}{100}+\frac{56}{100}=5+\frac{101}{100}=5+\frac{100+1}{100}=5+1+\frac{1}{100}=6+\frac{1}{100}=6{,}01$

c. $\frac{5}{100}+\frac{7}{100}+\frac{5}{10}+6=\frac{12}{100}+\frac{5}{10}+6$

$=\frac{10+2}{100}+\frac{5}{10}+6=\frac{10}{100}+\frac{2}{100}+\frac{5}{10}+6=\frac{1}{10}+\frac{2}{100}+\frac{5}{10}+6=6+\frac{6}{10}+\frac{2}{100}=6{,}62$

21 a. $5{,}37=5+\frac{3}{10}+\frac{7}{100}=\frac{537}{100}$

b. $6{,}05=6+\frac{5}{100}=\frac{605}{100}$

c. $0{,}0051=0+\frac{5}{1000}+\frac{1}{10\,000}=\frac{51}{10\,000}$

d. $37{,}502=37+\frac{5}{10}+\frac{2}{1000}=\frac{37\,502}{1000}$

22 a. 0 b. 4 c. 1 450 d. 14

23

	Chiffre des :				Nombre de :	
	centaines	centièmes	dixièmes	dizaines	dixièmes	centièmes
12,57	0	7	5	1	125	1 257
3,051	0	5	0	0	30	305
152,356	1	5	3	5	1 523	15 235
458,005	4	0	0	5	4 580	45 800

24 a. $3,45 < 12,04$ c. $6,57 > 6 + \frac{6}{100} + \frac{5}{10}$ (= 6,56)

b. $15,57 < 15,6$ d. $4,500 = 4,5$

25 $6,49 < \frac{65}{10}$ (= 6,5) $< \frac{5}{10} + \frac{8}{100} + 6$ (= 6,58) $< 9,09 < \frac{91}{10} < 12,51 < \frac{128}{10}$ (= 12,8)

26 a. $30,500 = 30,5$ c. $041,017 = 41,017$

b. $105,050 = 105,05$ d. $30,50700 = 30,507$

27 5 nombres possibles : 12,251 ; 12,252 ; 12,253 ; 12,254 ; 12,255.

28 a. $3,6 = 3 + \frac{6}{10} = \frac{36}{10}$ c. $3,501 = 3 + \frac{501}{1000} = \frac{3\,501}{1\,000}$

b. $17,08 = 17 + \frac{8}{100} = \frac{1\,708}{100}$

29 a. $\frac{7}{5} = 7 : 5 = 1,4$ b. $\frac{47}{10} = 4,7$ c. $\frac{17}{16} = 1,0625$ d. $\frac{354}{30} = 354 : 30 = 11,8$

30 a. $\frac{7}{11} = 0,\overline{63}$, ce n'est donc pas un nombre décimal.

b. $\frac{5}{8} = 0,625$, c'est donc un nombre décimal.

c. $\frac{12}{13} = 0,\overline{923076}$, ce n'est pas un nombre décimal.

31 **a.** $\frac{37}{5} = 37 : 5 = 7{,}4$ et $\frac{75}{9} > 8{,}3$, donc $\frac{37}{5} > \frac{75}{9}$

b. $\frac{17}{9} > 1{,}88$ et $\frac{18}{10} = 1{,}8$, donc $\frac{17}{9} > 1{,}8$

c. $\frac{254}{48} \approx 5{,}2916$ et $\frac{257}{51} \approx 5{,}03921$, donc $\frac{254}{48} > \frac{257}{51}$

32 **a.** $\frac{4}{7} \times 28 = 4 \times (28 : 7) = 4 \times 4 = 16$ **c.** $\frac{3}{7} \times 42 = 3 \times (42 : 7) = 18$

b. $\frac{3}{5} \times 41 = (3 : 5) \times 41 = 0{,}6 \times 41 = 24{,}6$

33 **a.** Il reste 450 km – 250 km = 200 km. Il me reste à parcourir les $\frac{200}{450} = \frac{4}{9}$.

b. Le roman contient 150 + 250 = 400 pages. J'ai donc lu $\frac{150}{400} = \frac{3}{8}$ de mon roman.

c. $1 - \frac{2}{5} = \frac{3}{5}$. Il me reste $\frac{3}{5}$ de mon salaire.

34 **a.** $\frac{4}{5} \times 20 = 16$. Elle a parcouru 16 km.

b. $\frac{3}{5}$ correspondent à 150 pages, donc $\frac{1}{5}$ correspond à 150 : 3 = 50 pages,

donc $\frac{5}{5}$ correspondent à 50 × 5 = 250 pages. Le livre contient 250 pages.

c. $\frac{2}{3}$ correspondent à 12 assiettes, donc $\frac{1}{3}$ correspond à 12 : 2 = 6 assiettes,

donc $\frac{3}{3}$ correspondent à 3 × 6 = 18 assiettes. Elle portait 18 assiettes.

35 **a.** $\frac{1}{9}$ de l'appartement correspond à $45\ m^2 : 5 = 9\ m^2$.

Donc l'appartement a une superficie de $9\ m^2 \times 9 = 81\ m^2$.

b. 525 places × $\frac{3}{7}$ = 225 places de parking.

36 $\frac{3}{5} \times 15\,000 = 9\,000$. Il y a 9 000 places en tribunes latérales.

15 000 – 9 000 = 6 000. Il y a 6 000 places en tribune centrale.

37 $1-\frac{5}{12}=\frac{7}{12}$. Il y a $\frac{7}{12}$ de billes vertes.

$\frac{7}{12}$ correspondent à 252 billes, donc $\frac{1}{12}$ correspond à 36 billes,

donc $\frac{12}{12}$ correspondent à 432 billes. Il y a en tout 432 billes.

38 Il y a 20 – 8 = 12 bananes. $\frac{2}{3}\times 12$ bananes = 8 bananes

donc 12 bananes – 8 bananes = 4 bananes

Dans la corbeille, il reste 4 bananes.

39 $\frac{1}{4}$ des sacs correspond à 45 : 3 = 15 sacs.

Elle doit donc remplir au total 15 sacs × 4 = 60 sacs.

120 kg : 60 = 2 kg. Chaque sac contiendra 2 kg de noix.

40 $\frac{5}{5}-\frac{3}{5}=\frac{2}{5}$, c'est la fraction du disque dur occupée par les vidéos.

Donc $\frac{1}{5}$ correspond à 300 Go : 2 = 150 Go.

Donc le disque dur a une capacité de 150 Go × 5 = 750 Go.

41 **a.** Oui, car $\frac{19}{8}=2{,}375$

b. Non, car $\frac{5}{3}=1{,}\overline{6}$

c. Non, car $\frac{11}{9}=1{,}\overline{2}$

d. Non, car $\frac{5}{13}=0{,}\overline{384615}$

42 **a.** Vrai

b. Vrai, car $\sqrt{81}=9$

c. Vrai, car $\sqrt{81}$ appartient à $\mathbb{N}$.

d. Faux, car $\frac{5}{11}=0{,}\overline{45}$

e. Vrai

f. Vrai, car $\frac{5}{16}=0{,}3125$

CHAPITRE 3 Addition et soustraction

- *Qu'est-ce qu'une opération ?*
- *Qu'est-ce qu'additionner des entiers naturels ?*
- *Comment justifier les algorithmes de l'addition et de la soustraction de deux nombres entiers, décimaux, fractionnaires ?*
- *Quelles sont les propriétés de ces opérations ?*

→ FICHE SYNTHÈSE 3

COMPRENDRE

1 Qu'est-ce qu'une opération sur un ensemble de nombres ?

A Définition

Pour démarrer *Donner des exemples d'opérations. À votre avis, qu'est-ce qu'une opération ?*

Réponse L'addition, la soustraction, la multiplication, la division sont les opérations auxquelles on pense spontanément.

Définition **Une opération**, dans un ensemble de nombres, est un procédé qui permet d'associer à deux nombres de cet ensemble un 3e nombre, appelé **résultat** de l'opération.

B Quelques éléments de théories des ensembles

Nous aurons besoin des définitions ci-dessous pour définir l'addition et la soustraction.

Définition 1 **L'ensemble vide** est l'ensemble qui ne contient aucun élément.

Définition 2 Étant donné deux ensembles A et B, on appelle **réunion des ensembles A et B,** l'ensemble des éléments qui appartiennent à A ou à B.

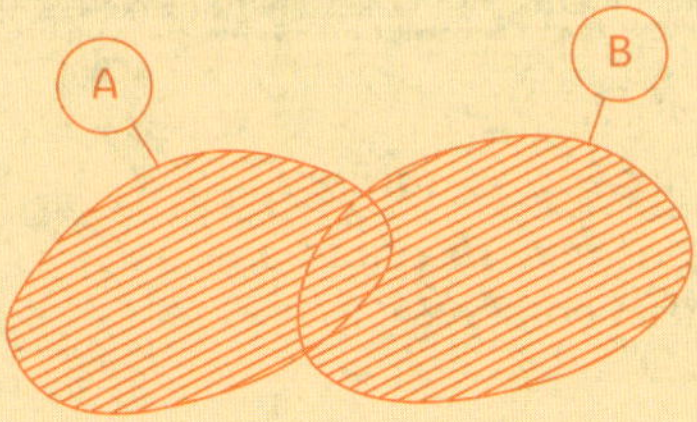

La réunion des ensembles A et B est l'ensemble hachuré.

Exemple : La réunion des ensembles {1 ; 2 ; 5} et {2 ; 7 ; 9} est l'ensemble {1 ; 2 ; 5 ; 7 ; 9}.

Définition 3

Deux ensembles A et B sont disjoints signifie qu'ils n'ont aucun élément en commun.

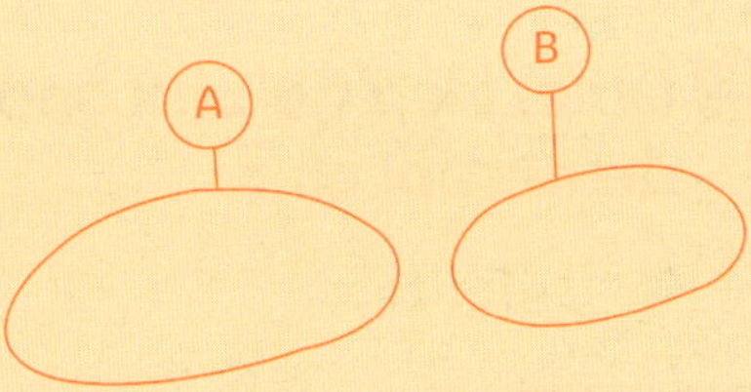

Exemple : Les ensembles {1 ; 3 ; 6} et { 8 ; 13 ; 17} sont disjoints.
Les ensembles {1 ; 2 ; 5} et {2 ; 7 ; 9} ne sont pas disjoints, car ils ont un élément en commun : 2.

Définition 4

L'ensemble B est inclus dans l'ensemble A signifie que tout élément de B est un élément de A.
On dit que **B est un sous-ensemble de A.**

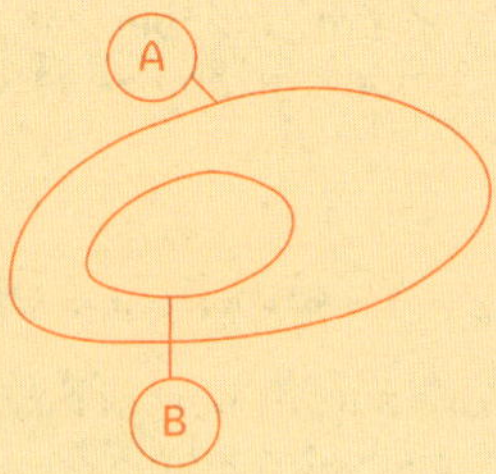

Exemple : L'ensemble {11 ; 15 ; 19} est inclus dans l'ensemble {2 ; 11 ; 14 ; 15 ; 16 ; 19 ; 25}.

Définition 5 Si B est un sous-ensemble de A, on appelle **complémentaire de B par rapport à A**, l'ensemble dont les éléments appartiennent à A et n'appartiennent pas à B.

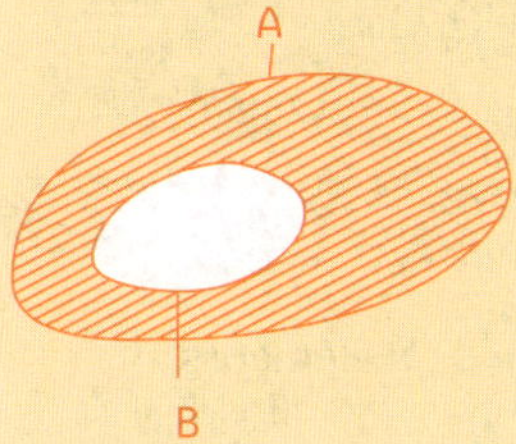

Le complémentaire de B par rapport à A est l'ensemble hachuré.

Exemple : Soit A = {1 ; 5 ; 12 ; 17 ; 18 ; 19 ; 20} et B = {5 ; 17 ; 18}.
Le complémentaire de B par rapport à A est l'ensemble {1 ; 12 ; 19 ; 20}.

EXERCICE D'APPLICATION

Soit A = {1 ; 3 ; 5 ; 7 ; 9 ; 11}, B = {2 ; 3 ; 4 ; 5 ; 9}, C = {5 ; 9 ; 11} et D = {1 ; 7 ; 10 ; 11} :

a. A et B sont-ils disjoints ?
b. Déterminer la réunion de A et B.
c. Déterminer la réunion de A et C.
d. B est-il un sous-ensemble de A ?
e. C est-il un sous-ensemble de A ?
f. Déterminer le complémentaire de C par rapport à A.
g. B et D sont-ils disjoints ?

Corrigé commenté :

a. A et B ne sont pas disjoints, car ils ont des éléments communs : 3 ; 5 ; 9.
b. La réunion de A et B est l'ensemble {1 ; 2 ; 3 ; 4 ; 5 ; 7 ; 9 ; 11}.
c. La réunion de A et C est l'ensemble {1 ; 3 ; 5 ; 7 ; 9 ; 11}.
C'est l'ensemble A, car C est un sous-ensemble de A.
d. B n'est pas un sous-ensemble de A, car 2 est un élément de B mais pas de A.
e. C est un sous-ensemble de A, car tout élément de C est un élément de A.
f. Le complémentaire de C par rapport à A est l'ensemble {1 ; 3 ; 7}.
g. B et D sont disjoints, ils n'ont aucun élément en commun.

2 Comment définir l'addition et la soustraction dans l'ensemble $\mathbb{N}$?

A L'addition

1. Les procédés pour définir l'addition

Procédé 1 *a* et *b* sont deux entiers naturels.
Soit A un ensemble de *a* éléments et B un ensemble de *b* éléments, tels que ces deux ensembles sont disjoints.
On note ***a* + *b***, le nombre d'éléments de la réunion des ensembles A et B.
On dit que *a* + *b* est la **somme** des nombres *a* et *b*.
a et *b* sont appelés les **termes** de la somme.
L'addition est l'opération, qui a deux nombres, associe leur **somme**.

Exemple : 5 + 3 est le nombre d'éléments de la réunion d'un ensemble de 5 éléments et d'un ensemble de 3 éléments. Ces deux ensembles sont disjoints.
5 + 3 = 8
Ainsi, 5 + 3 est la somme de 5 et de 3.
8 est la somme de 5 et de 3.

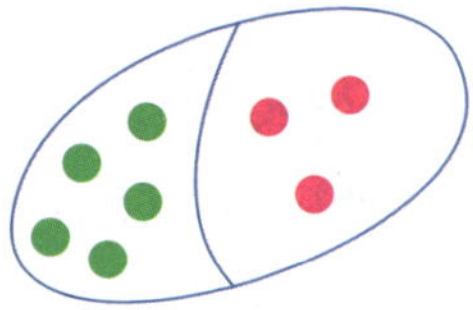

Remarque : Le mot « somme » désigne à la fois une écriture (5 + 3) et un résultat (8).

Procédé 2 *a* et *b* étant deux entiers naturels.
a + *b* est le nombre atteint en comptant *b* nombres consécutifs après *a* dans la suite ordonnée des nombres naturels.

Exemple : 3 + 5 = 8

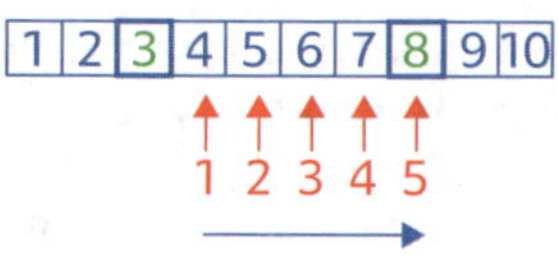

Remarque : Ces procédés servent à définir des activités pour introduire l'addition au début du cycle 2 (cf. *Hatier concours tome 2* p. 210 et suivantes.)

2. Les propriétés de l'addition

Propriété 1 **L'addition est commutative dans ℕ :**
quels que soient les entiers naturels a et b, on a : $\boldsymbol{a + b = b + a}$
cela se traduit par : « On peut effectuer la somme de deux nombres dans l'ordre que l'on veut. »

Justification : Le recours à la définition 1 permet de « justifier » cette propriété.

Propriété 2 **L'addition est associative dans ℕ :**
quels que soient les entiers naturels a, b et c, on a :

$$\boldsymbol{a + (b + c) = (a + b) + c = a + b + c}$$

Justification : On imagine trois ensembles deux à deux disjoints A, B et C respectivement de a, b et c éléments.
$a + (b + c)$ est le nombre d'éléments de la réunion de A et de l'ensemble obtenu en faisant la réunion de B et C.
$(a + b) + c$ est le nombre d'éléments de la réunion de l'ensemble obtenu en faisant la réunion de A et B avec l'ensemble C.
Dans les deux cas, on obtient le même ensemble, d'où l'égalité.

Conséquence La commutativité et l'associativité de l'addition dans l'ensemble des naturels permettent de conclure que **si on a à calculer la somme de trois ou plus de termes, on peut les regrouper comme on le veut.**

Remarque : Cette conséquence est très utile pour calculer mentalement la somme de plusieurs termes, par exemple pour 125 + 89 + 75, on effectue : (125 + 75) + 89 = 200 + 89 = 289 ce qui est plus simple que (125 + 89) + 75.

Propriété 3 **L'addition dans ℕ possède un élément neutre : 0**
c'est le nombre d'éléments de l'ensemble appelé ensemble vide.
Quel que soit le nombre entier naturel a, on a : $\boldsymbol{a + 0 = 0 + a = a}$

Justification : Le recours au procédé 1 permet de « justifier » cette propriété.

3. Un algorithme pour additionner

Les procédés p. 62 permettent d'obtenir le résultat de l'addition de petits nombres ou de nombres faciles à ajouter mentalement, par exemple 250 + 100 + 50. Par contre, pour additionner des grands nombres, ces procédés ne sont pas opérationnels, un algorithme a donc été mis en place.

Pour démarrer *Calculer 1 256 + 469 en posant l'opération. Justifier chaque étape.*

Réponse Vous avez certainement posé l'addition comme ceci :

```
   1 1
  1 256
+   469
  -----
  1 725
```

Justification de l'algorithme :

1 256, c'est 1 millier, 2 centaines, 5 dizaines, 6 unités.
469, c'est 4 centaines, 6 dizaines, 9 unités.

On commence par additionner les unités entre elles, on obtient 15 unités, ce qui dépasse 10, donc on les échange contre 1 dizaine et 5 unités.	1 m 2 c 5 d 6 u + 4 c 6 d 9 u 15 u 1 d 5 u
On garde les 5 unités et on ajoute la dizaine aux dizaines des deux nombres, donc à 5 et 6. On obtient 12 dizaines, ce qui dépasse 10, donc on les échange contre 1 centaine et 2 dizaines.	1d 1 m 2 c 5 d 6 u + 4 c 6 d 9 u 12 d 5 u 1 c 2 d
On garde les 2 dizaines et on ajoute la centaine aux centaines des deux nombres, donc à 2 et 4. On obtient 7 centaines. Enfin, on ajoute les nombres de milliers (ici il n'y en a qu'un). On obtient donc 1 725.	1c 1d 1 m 2 c 5 d 6 u + 4 c 6 d 9 u 1 m 7 c 2 d 5 u

Cette justification permet de comprendre pourquoi on commence par additionner les chiffres des unités, puis des dizaines, ... et le principe de la retenue.

Sur quelles propriétés s'appuie cet algorithme ?

- Pour additionner les deux nombres, on a additionné les unités ensemble, les dizaines ensemble, ... cela signifie qu'on s'est appuyé sur l'égalité :
(1 m + 2 c + 5 d + 6 u) + (4 c + 6 d + 9 u) = 1 m + (2 c + 4 c) + (5 d + 6 d) + (6 u + 9 u)
Ce sont **les propriétés d'associativité et de commutativité de l'addition dans ℕ** qui justifient cette égalité.

- Pour l'échange / groupement des unités avec les dizaines, on a utilisé successivement les égalités :
11 d + 15 u = 11 d + (1 d + 5 u) = (11 d + 1 d) + 5 u = 12 d + 5 u
Ici, on a mobilisé **la propriété d'associativité** de l'addition dans ℕ.

Conclusion L'algorithme de l'addition est justifié par le principe de la décomposition en base dix de notre système décimal et par les propriétés de commutativité et d'associativité de l'addition dans ℕ.

Remarque : Cet algorithme de l'addition peut être étendu au calcul d'une somme de plus de 2 termes (ce qui n'est vrai ni pour la soustraction ni pour la multiplication).

B La soustraction

1. Les procédés pour définir la soustraction

Procédé 1 a et b étant deux entiers naturels avec $a > b$.
a est le nombre d'éléments d'un ensemble A.
b est le nombre d'éléments d'un sous-ensemble B de A.
$a - b$ est le nombre d'éléments de **l'ensemble complémentaire de B par rapport à A.**
$a - b$ est la **différence** entre a et b.
La soustraction est l'opération, qui a deux nombres, associe leur **différence**.

Exemple : Le complémentaire de B par rapport à A est haché.
8 – 3 = 5

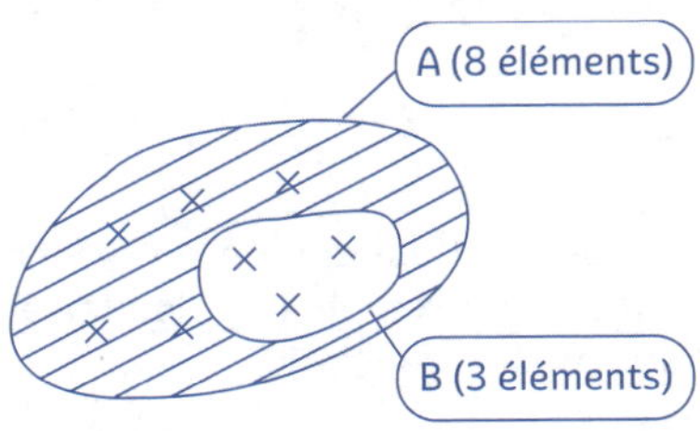

Contrairement à l'addition dans $\mathbb{N}$, la soustraction n'est pas toujours définie. $a - b$ n'existe dans $\mathbb{N}$ que si $a > b$.

Procédé 2 a et b étant deux entiers naturels avec $a > b$.
$a - b$ est égale au nombre atteint en comptant b nombres avant a.

Exemple : 8 – 3 = 5

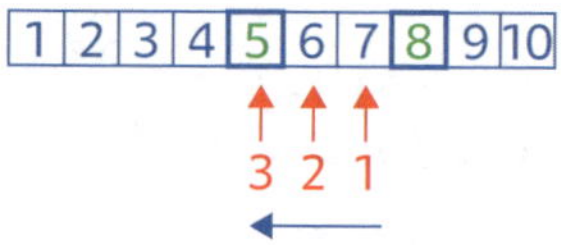

Procédé 3 a et b étant deux entiers naturels avec $a > b$.
$a - b$ est le nombre qu'il faut ajouter à b pour obtenir a.

Exemple : 8 – 3 = 5, car il faut ajouter 5 à 3 pour obtenir 8.

Remarque : Ces procédés servent à définir des activités pour introduire la soustraction au début du cycle 2 (cf. *Hatier concours tome 2* p. 210 et suivantes.)

2. Les propriétés de la soustraction

- La soustraction dans $\mathbb{N}$ **n'est pas commutative**.
Exemple : $5 - 3 \neq 3 - 5$

- La soustraction **n'est pas associative**.

Exemple : $12 - \underbrace{(7 - 3)}_{4} \neq \underbrace{(12 - 7)}_{5} - 3$

$\underbrace{12 - 4}_{8}$ $\qquad$ $\underbrace{5 - 3}_{2}$

Remarque : Pour démontrer qu'une opération n'est pas commutative, il suffit de trouver un exemple pour lequel la propriété de commutativité n'est pas valide. Idem pour l'associativité.

Par contre, deux propriétés associant l'addition et la soustraction sont à la base de l'algorithme de la soustraction que nous étudierons par la suite :

Propriété 1 Quels que soient les entiers a, b et c (avec $a > b$) :

$$a - b = (a + c) - (b + c)$$

Cette propriété, appelée **propriété de conservation des écarts**, peut se traduire par : « Le résultat d'une soustraction ne change pas lorsqu'on ajoute (ou soustrait) le même nombre aux deux termes. »

Propriété 2 Quels que soient les entiers a, b et c (avec $a > c$ et $b > d$) :

$$(a + b) - (c + d) = (a - c) + (b - d)$$

Cette propriété peut se traduire par : « La différence de deux sommes est égale à la somme des différences entre leurs premiers termes et leurs deuxièmes termes. »

3. Des algorithmes pour soustraire

Comme pour l'addition, les procédés p. 65 et 66 permettent d'obtenir le résultat de la différence de petits nombres. Par contre, pour soustraire des grands nombres, ces procédés ne sont pas opérationnels, donc des algorithmes ont été mis en place.

Pour démarrer *Calculer 1 456 – 269 en posant l'opération. Justifier chaque étape.*

Réponse Vous avez certainement utilisé l'un de ces trois algorithmes :

Algorithme 1 :

```
  34
 1 4̸ 5̸ 6   (retenues 1)
 – 2 6 9
 -------
 1 1 8 7
```

Algorithme 2 :

```
 1 4 ₁5 ₁6
 –  2  6  9
      1  1
 ---------
 1  1  8  7
```

Algorithme 3 : une addition à trous :

```
   269
 + . . . .
 ---------
  1 456
```

Justifications des algorithmes 1, 2 et 3 :

1 456, c'est 1 millier, 4 centaines, 5 dizaines, 6 unités
269, c'est 2 centaines, 6 dizaines, 9 unités

Algorithme 1

	1 m	4 c	5 d	6 u
–		2 c	6 d	9 u

On ne peut pas retrancher 9 unités à 6 unités, alors on prélève 1 dizaine aux 5 dizaines de 1 456 que l'on transforme en 10 unités et que l'on ajoute aux 6 unités de 1 456. On peut maintenant retrancher 9 unités à 16 unités, on obtient 7 unités :

	1 m	4 c	4 d	16 u
–		2 c	6 d	9 u
				7 u

On ne peut pas retrancher 6 dizaines à 4 dizaines, alors on prélève 1 centaine aux 4 centaines de 1 456 que l'on transforme en 10 dizaines et que l'on ajoute aux 4 dizaines de 1 456. On peut maintenant retrancher 6 dizaines à 14 dizaines, on obtient 8 dizaines. On retranche ensuite 2 centaines à 3 centaines, on obtient 1 centaine et 0 millier à 1 millier, on obtient 1 millier :

	1 m	3 c	14 d	16 u
–		2 c	6 d	9 u
	1 m	1 c	8 d	7 u

Le résultat est donc 1 187.

Algorithme 2

	1 m	4 c	5 d	6 u
–		2 c	6 d	9 u

On ne peut pas retrancher 9 unités à 6 unités, alors on ajoute 10 unités aux 6 unités de 1 456 et pour compenser, on ajoute une dizaine (car 1 dizaine = 10 unités) aux 6 dizaines de 269. On peut maintenant retrancher 9 unités à 16 unités, on obtient 7 unités :

	1 m	4 c	5 d	16 u
–		2 c	7 d	9 u
				7 u

On ne peut pas retrancher 7 dizaines à 5 dizaines, alors on ajoute 10 dizaines aux 5 dizaines de 1 456 et pour compenser, on ajoute 1 centaine (car 10 dizaines = 1 centaine) aux 2 centaines de 269. On peut maintenant retrancher 7 dizaines à 15 dizaines, on obtient 8 dizaines. On retranche ensuite 3 centaines à 4 centaines, on obtient 1 centaine et 0 millier à 1 millier, on obtient 1 millier :

	1 m	4 c	15 d	16 u
–		3 c	7 d	9 u
	1 m	1 c	8 d	7 u

Le résultat est donc 1 187.

Algorithme 3 :

On pose l'addition à trou.	2 c 6 d 9 u + 1 m 4 c 5 d 6 u
Pour obtenir les 6 unités de 1 456, on ajoute 7 unités aux 9 unités de 269, car 9 + 7 = 16. On transforme les 16 unités en 1 dizaine et 6 unités et on ajoute la dizaine aux 6 dizaines de 269, on obtient 7 dizaines.	7 2 c ~~6~~ d 9 u + **7 u** 1 m 4 c 5 d 6 u
Pour obtenir les 5 dizaines de 1 456, on ajoute 8 dizaines aux 7 dizaines, car 7 + 8 = 15 dizaines. On transforme les 15 dizaines en 1 centaine et 5 dizaines et on ajoute la centaine aux 2 centaines de 269, on obtient 3 centaines.	3 7 ~~2~~ c ~~6~~ d 9 u + **8 d** **7 u** 1 m 4 c 5 d 6 u
Pour obtenir les 4 centaines de 1 456, on ajoute 1 centaine aux 3 centaines. Enfin, pour obtenir les 1 millier de 1 456, on ajoute 1 millier à 0 millier de 269. Le résultat est donc 1 187.	3 7 ~~2~~ c ~~6~~ d 9 u + **1 m** **1 c** **8 d** **7 u** 1 m 4 c 5 d 6 u

Sur quelles propriétés s'appuient ces algorithmes 1, 2 et 3 ?

Algorithme 1 : En plus du principe de la décomposition en base dix de notre système décimal et de la propriété d'associativité de l'addition dans $\mathbb{N}$, on utilise également la propriété 2 p. 67 :
(1 m + 3 c + 14 d + 16 u) – (2 c + 6 d + 9 u) = 1 m + (3 c – 2 c) + (14 d – 6 d) + (16 u – 9 u)

Algorithme 2 : En plus du principe de la décomposition en base dix de notre système décimal, de la propriété d'associativité de l'addition dans $\mathbb{N}$ et de la propriété 2, on a utilisé la propriété 1 p. 67 en ajoutant dix unités ou une dizaine aux deux termes de la soustraction, puis dix dizaines ou une centaine.

Algorithme 3 : On a appliqué le procédé 3 p. 66.

▪ EXERCICE D'APPLICATION

Pour chaque soustraction, calculer en utilisant les trois algorithmes.
a. 2 123 – 1 231 b. 45 936 – 897 c. 42 568 – 37 689

Corrigé commenté :
Pour les 3 algorithmes, se reporter au paragraphe ci-dessus.
Les résultats sont : a. 892 b. 45 039 c. 4 879

3 Comment additionner et soustraire des nombres rationnels ?

A Les procédés pour définir l'addition et la soustraction

Procédé 1 Une unité étant choisie.
$\frac{a}{b} + \frac{c}{b}$ est la longueur du segment obtenu en mettant bout à bout le segment de longueur $\frac{a}{b}$ et le segment de longueur $\frac{c}{b}$.

Exemple :

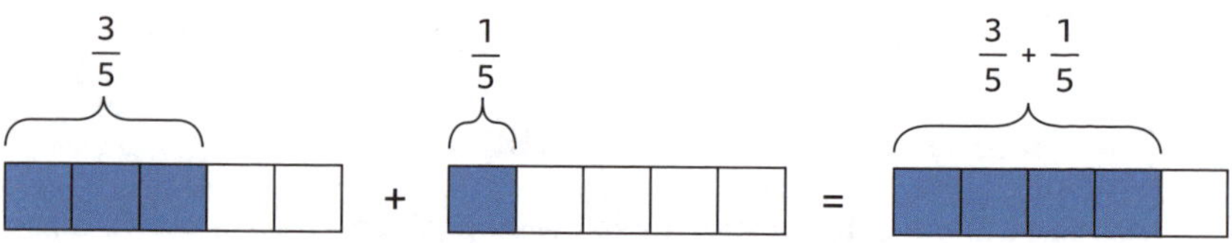

Procédé 2 Une unité étant choisie.
$\frac{a}{b} - \frac{c}{b}$ est la longueur du segment obtenu en enlevant le segment de longueur $\frac{c}{b}$ du segment de longueur $\frac{a}{b}$.

B L'algorithme pour additionner et soustraire

Le procédé 1 permet d'en déduire facilement la méthode pour additionner deux fractions de même dénominateur. Elle est identique pour la soustraction.

Méthode 1 **Pour additionner (soustraire) deux fractions qui ont le même dénominateur**, on additionne (soustrait) les numérateurs et on conserve le dénominateur commun.
Quels que soient les entiers naturels a, b et c (avec $c \neq 0$), on a :

$$\frac{a}{c}+\frac{b}{c}=\frac{a+b}{c} \quad \text{et} \quad \frac{a}{c}-\frac{b}{c}=\frac{a-b}{c}$$

Exemples : $\frac{2}{7}+\frac{3}{7}=\frac{5}{7}$ $\quad \frac{5}{100}+\frac{19}{100}=\frac{24}{100}$ $\quad \frac{5}{11}-\frac{3}{11}=\frac{2}{11}$

Méthode 2 **Pour additionner (soustraire) deux fractions qui n'ont pas le même dénominateur,** on les transforme pour obtenir des fractions de même dénominateur et ensuite, on applique la méthode 1.
Le dénominateur ainsi obtenu est appelé **dénominateur commun**.

Exemple : Pour calculer $\frac{7}{12}+\frac{5}{9}$, on cherche un dénominateur commun :

- pour $\frac{7}{12}$, les dénominateurs possibles sont : 24 (12 × 2) ; 36 (12 × 3) ; 48 ; ...
- pour $\frac{5}{9}$, les dénominateurs possibles sont : 18 (9 × 2) ; 27 (9 × 3) ; 36 ; 45 ; ...

36 est donc un dénominateur commun possible.

$\frac{7}{12}=\frac{7\times 3}{12\times 3}=\frac{21}{36}$ et $\frac{5}{9}=\frac{5\times 4}{9\times 4}=\frac{20}{36}$, donc $\frac{7}{12}+\frac{5}{9}=\frac{21}{36}+\frac{20}{36}=\frac{21+20}{36}=\frac{41}{36}$

Remarque : Il y a une infinité de dénominateurs communs possibles.
Dans l'exemple, on aurait également pu prendre comme dénominateur :
72 (36 × 2) ; 108 (36 × 3) ; 180 (36 × 5) ...

Conséquence Le produit des dénominateurs des deux fractions est un dénominateur commun. Mais, il est souvent possible de trouver un dénominateur commun plus petit.
Pour en trouver un facilement, on peut commencer par écrire la liste des multiples de chacun des deux dénominateurs jusqu'à trouver un multiple commun.

Multiple d'un entier

Un multiple d'un entier naturel a est un nombre qui peut s'écrire sous la forme $a \times k$, où k est un entier naturel.

Exemple : Calculer $\frac{5}{14} + \frac{8}{21}$

- Multiples de 14 non nuls : 14 ; 28 (14 × 2) ; 42 (14 × 3) ; 56 (14 × 4) ; ...
- Multiples de 21 non nuls : 21 ; 42

42 est donc un multiple commun.

donc $\frac{5}{14} = \frac{5 \times 3}{14 \times 3} = \frac{15}{42}$ et $\frac{8}{21} = \frac{8 \times 2}{21 \times 2} = \frac{16}{42}$

donc $\frac{5}{14} + \frac{8}{21} = \frac{15}{42} + \frac{16}{42} = \frac{15 + 16}{42} = \frac{31}{42}$

Remarque : Cette méthode permet de déterminer **le plus petit multiple commun** de nombres entiers naturels.

! On a donc mis en évidence que, pour additionner deux fractions, il ne faut pas additionner les numérateurs entre eux et les dénominateurs entre eux :

$\frac{a}{b} + \frac{c}{d} \neq \frac{a + c}{b + d}$

EXERCICES D'APPLICATION

1 **Pour chaque fraction, trouver quatre dénominateurs communs possibles.**

a. $\frac{7}{4}$ et $\frac{3}{20}$ **b.** $\frac{6}{21}$ et $\frac{2}{15}$ **c.** $\frac{7}{75}$ et $\frac{11}{45}$ **d.** $\frac{6}{7}$ et $\frac{7}{4}$

Corrigé commenté :

a. 20 est un multiple de 4, donc 20 est le plus petit multiple commun.
D'autres dénominateurs communs sont les multiples de 20 : 40 ; 60 ; 80 ; ...

b. Multiples de 21 : 21 ; 42 ; 63 ; 84 ; 105 ; ...
Multiples de 15 : 15 ; 30 ; 45 ; 60 ; 75 ; 90 ; 105 ; ...
Le plus petit multiple commun est 105. D'autres dénominateurs communs possibles sont les multiples de 105 : 210 ; 315 ; ...

c. Multiples de 75 : 75 ; 150 ; 225 ; 300 ; ...
Multiples de 45 : 45 ; 90 ; 135 ; 180 ; 225 ; ...
Donc 225 est le plus petit multiple commun. D'autres dénominateurs communs possibles sont les multiples de 225 : 450 ; 675 ; 900 ; ...

d. Multiples de 7 : 7 ; 14 ; 21 ; 28 ; 35 ; ...
Multiples de 4 : 4 ; 8 ; 12 ; 16 ; 20 ; 24 ; 28 ; ...
Donc 28 est le plus petit multiple commun. D'autres dénominateurs communs possibles sont les multiples de 28 : 56 ; 84 ; 112 ; ...

2 Calculer.

a. $\frac{1}{8}+\frac{3}{4}$ c. $\frac{3}{22}+\frac{5}{33}$ e. $\frac{5}{11}-\frac{3}{7}$

b. $\frac{11}{15}-\frac{7}{30}$ d. $\frac{3}{8}+\frac{7}{10}$ f. $3+\frac{5}{6}$

Corrigé commenté :

a. $\frac{1}{8}+\frac{3}{4}=\frac{1}{8}+\frac{6}{8}=\frac{7}{8}$

b. $\frac{11}{15}-\frac{7}{30}=\frac{22}{30}-\frac{7}{30}=\frac{15}{30}=\frac{1}{2}$

c. $\frac{3}{22}+\frac{5}{33}=\frac{9}{66}+\frac{10}{66}=\frac{19}{66}$

d. $\frac{3}{8}+\frac{7}{10}=\frac{15}{40}+\frac{28}{40}=\frac{43}{40}$

e. $\frac{5}{11}-\frac{3}{7}=\frac{35}{77}-\frac{33}{77}=\frac{2}{77}$

f. $3+\frac{5}{6}=\frac{18}{6}+\frac{5}{6}=\frac{23}{6}$

→ EXERCICES 1 à 8 p. 76 et 77

! Simplifier les fractions avant d'effectuer les additions ou soustractions.

Exemple : Pour $\frac{14}{21}+\frac{33}{44}$, si on ne simplifie pas, le plus petit dénominateur commun est 924.

Or $\frac{14}{21}=\frac{2}{3}$ et $\frac{33}{44}=\frac{3}{4}$, donc le plus petit dénominateur commun des fractions $\frac{2}{3}$ et $\frac{3}{4}$ est 12.

On obtient finalement $\frac{14}{21}+\frac{33}{44}=\frac{8}{12}+\frac{9}{12}=\frac{17}{12}$

4 Comment additionner et soustraire des nombres décimaux ?

A L'algorithme pour additionner et soustraire

Pour démarrer *Calculer 17,5 + 3,78 en posant l'opération. Justifier chaque étape.*

Réponse Vous avez certainement procédé de cette façon :

```
   1 1
   17,5
+  3,78
-------
  21,28
```

Justification de l'algorithme :

17,5 est égal à 1 dizaine, 7 unités, 5 dixièmes.
3,78 est égal à 3 unités, 7 dixièmes, 8 centièmes.
On écrit les nombres de façon à positionner les unités en dessous des unités, les dixièmes en dessous des dixièmes ..., puis on additionne les unités ensemble, les dixièmes ensemble, ...

On commence par additionner les centièmes entre eux, on obtient 8 centièmes, puis on additionne les dixièmes entre eux, on obtient 12 dixièmes, ce qui dépasse 10, donc on les échange contre 1 unité (car 10 dixièmes = 1 unité) et 2 dixièmes.	1 d 7 u 5 dixièmes + 3 u 7 dixièmes 8 centièmes 12 dixièmes 8 centièmes 1 u 2 dixièmes
On garde les 2 dixièmes et on ajoute l'unité aux unités des deux nombres, donc à 7 et 3. On obtient 11 unités, ce qui dépasse 10, donc on les échange contre 1 dizaine et 1 unité.	1 u 1 d 7 u 5 dixièmes + 3 u 7 dixièmes 8 centièmes 11 u 2 dixièmes 8 centièmes 1 d 1 u
On garde l'unité et on ajoute la dizaine aux dizaines des deux nombres, donc à 1 et 0. On obtient 2 dizaines. Le résultat est donc 21, 28	1 d 1 u 1 d 7 u 5 dixièmes + 3 u 7 dixièmes 8 centièmes 2 d 1 u 2 dixièmes 8 centièmes

Cette justification permet de constater que pour ajouter deux nombres décimaux, il suffit d'ajouter les centièmes avec les centièmes, les dixièmes avec les dixièmes, les unités avec les unités, les dizaines avec les dizaines, ... et d'effectuer des groupements si un des nombres obtenus dépasse ou est égal à 10.
On peut alors poser l'addition des décimaux, comme on le fait pour l'addition des entiers, en alignant le chiffre des unités des deux nombres.

! Il ne faut pas aligner les chiffres de droite comme pour l'addition des nombres entiers.
Il ne faut pas non plus additionner séparément les parties entières et les parties décimales des deux nombres : 3,4 + 5,8 ≠ 8,12

Méthode **Pour la soustraction des nombres décimaux,** on procède selon les mêmes principes que pour la soustraction des nombres entiers en veillant à faire coïncider les unités des deux nombres.

Exemple :

$$\begin{array}{r} 1_{1}25,_{1}2_{1}0 \\ -\ \ {}^{1}\ \ 6{}^{1}1,{}^{1}37 \\ \hline 63,83 \end{array}$$

EXERCICE D'APPLICATION

Calculer en posant l'opération et en étant bien conscient de chaque étape :
a. 125,378 + 9,45 **b.** 45,578 − 9,58 **c.** 165,5 − 4,86

Corrigé commenté :
Se reporter à l'algorithme ci-dessus.

a.
$$\begin{array}{r} 1\overset{1}{2}5,\overset{1}{3}78 \\ +\quad 9,45 \\ \hline 134,828 \end{array}$$

b.
$$\begin{array}{r} 4_{1}5,_{1}5_{1}78 \\ -\ {}^{1}\ {}^{1}9,{}^{1}58 \\ \hline 35,998 \end{array}$$

c.
$$\begin{array}{r} 165,_{1}5_{1}0 \\ -\quad {}^{1}4,{}^{1}86 \\ \hline 160,64 \end{array}$$

→ EXERCICE 9 p. 77

B Les propriétés de l'addition et de la soustraction

Propriétés
- **L'addition** dans l'ensemble des nombres décimaux et des nombres rationnels est **commutative, associative, possède un élément neutre, 0**.
- Comme dans ℕ, **la soustraction** n'est ni commutative, ni associative dans l'ensemble des nombres rationnels. Les propriétés 1 et 2 p. 67 restent valables dans l'ensemble des nombres rationnels.

S'ENTRAINER

Additionner et soustraire des fractions

1 **Calculer.** Donner le résultat sous forme d'une fraction irréductible.

a. $\frac{3}{7}+\frac{6}{14}$ b. $\frac{12}{21}-\frac{5}{14}$ c. $\frac{35}{12}-2$ d. $\frac{2}{3}+\frac{5}{4}-\frac{7}{6}$ e. $\frac{5}{12}-\frac{3}{4}+\frac{7}{9}$

2 **Calculer.** Donner le résultat sous forme d'une fraction irréductible.

a. $\frac{12}{24}+\frac{36}{48}$ b. $\frac{45}{63}+\frac{30}{42}$ c. $\frac{60}{54}-\frac{54}{216}$

Résoudre des problèmes faisant appel à l'addition et à la soustraction de fractions

3 Sur un parking, $\frac{3}{5}$ des voitures sont de marques françaises. $\frac{1}{7}$ sont de marques allemandes. Les autres sont de marques japonaises.

Quelle est la fraction de voitures de marques japonaises ?

4 Estelle a mis au point une recette de cocktail sans alcool dans lequel il y a $\frac{3}{5}$ de jus d'ananas, $\frac{3}{8}$ de jus de fraise, $\frac{1}{6}$ de jus de citron.

Les proportions sont-elles correctes ?

5 Antoine, Cédric et Hélène décident d'acheter ensemble une tondeuse. Comme ils n'ont pas la même aire de terrain à tondre, il ne paie pas la même part. Antoine paie $\frac{2}{5}$ du prix, Cédric $\frac{3}{10}$ et Hélène $\frac{2}{7}$.

a. **Ce partage est-il possible ?**

b. On suppose que les parts d'Antoine et de Cédric sont correctes.
Quelle part doit payer Hélène pour que le partage convienne ?

6 Dans une urne, il y a 240 billes. $\frac{1}{4}$ de ces billes sont vertes, $\frac{2}{5}$ sont rouges et les autres sont bleues.

Quel est le nombre de billes bleues ?

7 Quatre amis déjeunent ensemble.
À la fin du déjeuner, Pierre paie $\frac{1}{3}$ de l'addition, Etienne paie $\frac{1}{5}$ et Léane paie $\frac{1}{4}$.
La somme payée par Pierre, Etienne et Léane est de 94 €.
Quel est le total de l'addition ?

8 $\frac{2}{5}$ des étudiants d'une faculté pratiquent un sport une fois par semaine, $\frac{1}{4}$ pratique un sport deux fois par semaine et plus. 280 pratiquent un sport moins d'une fois par semaine.
Combien d'étudiants y a-t-il dans cette faculté ?

Additionner et soustraire des nombres décimaux

9 Calculer en posant chaque opération.
Pour la soustraction, utiliser les trois algorithmes.

a. 125,78 + 34 + 4,9 b. 402,38 – 8,7

CORRIGÉS

1 a. $\frac{3}{7}+\frac{6}{14}=\frac{3}{7}+\frac{3}{7}=\frac{6}{7}$

b. $\frac{12}{21}-\frac{5}{14}=\frac{4}{7}-\frac{5}{14}=\frac{8}{14}-\frac{5}{14}=\frac{3}{14}$

c. $\frac{35}{12}-2=\frac{35}{12}-\frac{24}{12}=\frac{11}{12}$

d. $\frac{2}{3}+\frac{5}{4}-\frac{7}{6}=\frac{8}{12}+\frac{15}{12}-\frac{14}{12}=\frac{9}{12}=\frac{3}{4}$

e. $\frac{5}{12}-\frac{3}{4}+\frac{7}{9}=\frac{15}{36}-\frac{27}{36}+\frac{28}{36}=\frac{16}{36}=\frac{4}{9}$

2 a. $\frac{12}{24}+\frac{36}{48}=\frac{1}{2}+\frac{3}{4}=\frac{2}{4}+\frac{3}{4}=\frac{5}{4}$

b. $\frac{45}{63}+\frac{30}{42}=\frac{5}{7}+\frac{5}{7}=\frac{10}{7}$

c. $\frac{60}{54}-\frac{54}{216}=\frac{10}{9}-\frac{1}{4}=\frac{40}{36}-\frac{9}{36}=\frac{31}{36}$

3 $1-\left(\frac{3}{5}+\frac{1}{7}\right)=1-\left(\frac{21}{35}+\frac{5}{35}\right)=1-\frac{26}{35}=\frac{9}{35}$

Il y a $\frac{9}{35}$ de voitures de marques japonaises dans ce parking.

4 $\frac{3}{5}+\frac{3}{8}+\frac{1}{6}=\frac{72}{120}+\frac{45}{120}+\frac{20}{120}=\frac{137}{120}$. Cela dépasse 1, donc ce n'est pas possible.

5 **a.** $\frac{2}{5}+\frac{3}{10}+\frac{2}{7}=\frac{28}{70}+\frac{21}{70}+\frac{20}{70}=\frac{69}{70}$ qui n'est pas égal à 1.

Donc le partage ne convient pas.

b. $1-\left(\frac{2}{5}+\frac{3}{10}\right)=1-\left(\frac{4}{10}+\frac{3}{10}\right)=1-\frac{7}{10}=\frac{3}{10}$

Hélène doit payer $\frac{3}{10}$ de la tondeuse.

6 ▸ **Méthode 1 :** $\frac{1}{4}+\frac{2}{5}=\frac{5}{20}+\frac{8}{20}=\frac{13}{20}$. Il y a $\frac{13}{20}$ de billes vertes et rouges.

$1-\frac{13}{20}=\frac{7}{20}$. Il y a $\frac{7}{20}$ de billes bleues. $240\times\frac{7}{20}=84$. Il y a 84 billes bleues.

▸ **Méthode 2 :** $240\times\frac{1}{4}=60$. Il y a 60 billes vertes.

$240\times\frac{2}{5}=96$. Il y a 96 billes rouges. $240-(60+96)=84$. Il y a 84 billes bleues.

7 $\frac{1}{3}+\frac{1}{5}+\frac{1}{4}=\frac{20}{60}+\frac{12}{60}+\frac{15}{60}=\frac{47}{60}$. Donc $\frac{47}{60}$ correspondent à 94 €.

Donc $\frac{1}{60}$ correspond à 94 : 47 = 2 €

Donc $\frac{60}{60}$ correspondent à 60 × 2 € = 120 €

Le total de l'addition est de 120 €.

8 $1-\left(\frac{2}{5}+\frac{1}{4}\right)=1-\left(\frac{8}{20}+\frac{5}{20}\right)=1-\frac{13}{20}=\frac{7}{20}$

Il y a donc $\frac{7}{20}$ d'étudiants qui pratiquent un sport moins d'une fois par semaine

ce qui correspond à 280 étudiants, donc $\frac{1}{20}$ correspond à 280 : 7 = 40.

Il y a donc 40 × 20 = 800 étudiants dans cette faculté.

9 **a.** 164,68 **b.** 393,68

CHAPITRE 4

Multiplication

- *Qu'est-ce que multiplier deux nombres naturels ?*
- *Comment justifier les algorithmes de la multiplication de deux entiers, de deux décimaux, de deux nombres en écriture fractionnaire ?*
- *Quelles sont les propriétés de cette opération ?*

→ FICHE SYNTHÈSE 4

COMPRENDRE

1 Qu'est-ce qu'un couple en mathématiques ?

Pour définir la multiplication des nombres entiers, il est nécessaire de faire quelques rappels sur la notion de couple en mathématiques.

Définition Soit A et B deux ensembles.
On appelle couple formé d'un élément de A et d'un élément de B, tous les éléments notés $(x\,;\,y)$, où x est un élément de A et y un élément de B.
L'ensemble des couples, noté **A × B**, est appelé **produit cartésien de A et de B.**

Exemple : Soit A = $\{a\,;\,b\,;\,c\}$ et B = $\{1\,;\,2\}$.
$(a\,;\,1)$ est un couple de A × B. Ce n'est pas le cas de $(1\,;\,a)$.

! $(x\,;\,y) \neq (y\,;\,x)$

Pour démarrer *Déterminer tous les couples de l'ensemble A × B de l'exemple ci-dessus.*

Réponse Si on ne veut pas oublier de couples, il ne faut pas procéder au hasard pour les écrire. Il faut mettre en place un procédé « systématique ».

Exemple : On écrit tous les couples qui commencent par a : $(a\,;\,1)$; $(a\,;\,2)$, puis, tous les couples qui commencent par b : $(b\,;\,1)$; $(b\,;\,2)$, puis tous les couples qui commencent par c : $(c\,;\,1)$; $(c\,;\,2)$.
On obtient ainsi tous les couples possibles, c'est-à-dire 6 couples.

On peut aussi utiliser :

- un tableau à double entrée :

A \ B	1	2
a	(*a* ; 1)	(*a* ; 2)
b	(*b* ; 1)	(*b* ; 2)
c	(*c* ; 1)	(*c* ; 2)

- un arbre de choix :

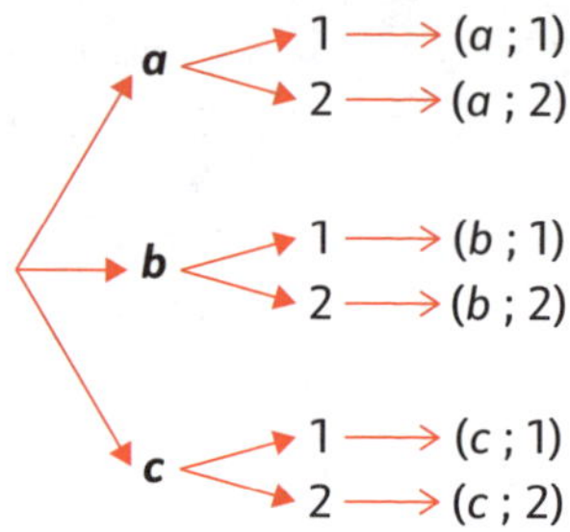

→ EXERCICE 1 p. 94

2 Comment multiplier dans l'ensemble ℕ ?

A Les procédés pour définir la multiplication

Procédé 1 **À partir de l'addition des nombres entiers :**
a et *b* étant deux entiers naturels, le produit de *a* par *b*, noté *a* × *b*, est égal à la somme de *b* entiers naturels égaux à *a* ou encore :

$a \times b = a + a + a + ... + a$ **On a écrit *b* fois le terme *a*.**

Les termes d'un produit sont appelés « **facteurs** ».
La multiplication est l'opération, qui a deux nombres, associe **leur produit**.

Exemple : $3 \times 5 = 3 + 3 + 3 + 3 + 3 = 15$

Procédé 2 **À partir des produits cartésiens d'ensembles :**
a et *b* étant deux entiers naturels, le produit de *a* par *b* est le nombre de couples (*x* ; *y*) qui peuvent être réalisés en choisissant *x* dans un ensemble ayant *a* éléments et *y* dans un ensemble ayant *b* éléments.

Exemple : On calcule 3 × 5.
On considère un ensemble A de trois éléments {*a* ; *b* ; *c*} et un ensemble B de 5 éléments {1 ; 2 ; 3 ; 4 ; 5}.
On détermine l'ensemble A × B en établissant un tableau à double entrée :

A \ B	1	2	3	4	5
a	(*a* ; 1)	(*a* ; 2)	(*a* ; 3)	(*a* ; 4)	(*a* ; 5)
b	(*b* ; 1)	(*b* ; 2)	(*b* ; 3)	(*b* ; 4)	(*b* ; 5)
c	(*c* ; 1)	(*c* ; 2)	(*c* ; 3)	(*c* ; 4)	(*c* ; 5)

Il y a donc 15 couples, donc 3 × 5 = 15.

Remarque : Le mot « produit », comme le mot « somme », désigne à la fois une écriture (3 × 5) et un résultat (15).

B Les propriétés de la multiplication

Propriété 1 **La multiplication est commutative dans ℕ :**
quels que soient les entiers naturels a et b, on a : $\boldsymbol{a \times b = b \times a}$
cela se traduit par : « On peut effectuer le produit de deux nombres dans l'ordre que l'on veut. »

Justification : Le recours au procédé 2 permet de « justifier » cette propriété. Les ensembles A × B et B × A ont bien le même nombre d'éléments.

Propriété 2 **La multiplication est associative dans ℕ :**
quels que soient les entiers naturels a, b et c, on a :

$$\boldsymbol{a \times (b \times c) = (a \times b) \times c = a \times b \times c}$$

Justification : Cette propriété est plus difficile à mettre en évidence, donc on se contentera de l'admettre.

Conséquence La commutativité et l'associativité de la multiplication dans l'ensemble des naturels permet de conclure que si on a à effectuer le produit de trois ou plus de facteurs, alors on peut les regrouper comme on le veut.

Remarque : Cette conséquence est très utile pour effectuer mentalement le produit de plusieurs facteurs, par exemple pour 4 × 96 × 25, on effectue : (4 × 25) × 96 = 100 × 96 = 9 600 au lieu de (4 × 96) × 25.

Propriété 3 **La multiplication dans ℕ possède un élément neutre, 1 :**
quel que soit l'entier naturel a : $\boldsymbol{a \times 1 = 1 \times a = a}$

Pour démarrer *Pour chacun de ses 25 élèves, une enseignante achète une calculette à 12 € l'unité et un cahier à 2 € l'unité.*
Combien va-t-elle dépenser au total ?
Exprimer de deux façons différentes le calcul à effectuer pour répondre à la question.

Réponse

▸ **1re façon :** On peut calculer le prix total pour les calculettes et le prix total pour les cahiers, puis additionner les deux sommes :

$(25 \times 12) + (25 \times 2) = 25 \times 12 + 25 \times 2$ (cf. ***Chapitre 5**, p. 115*)

▸ **2e façon :** On peut calculer la somme dépensée pour un élève et multiplier le résultat par 25 : $25 \times (12 + 2)$
Cela donne évidemment le même résultat, donc $25 \times (12 + 2) = 25 \times 12 + 25 \times 2$

Pour passer du premier membre au second membre de cette égalité, on a « distribué le × 25 ».

Propriété 4 **La multiplication dans ℕ est distributive par rapport à l'addition (soustraction) :**
quels que soient les entiers naturels a, b et c, on a :

$$\boldsymbol{a \times (b + c) = a \times b + a \times c} \quad \textbf{et} \quad \boldsymbol{a \times (b - c) = a \times b - a \times c}$$

Cela se traduit par : « Si on veut multiplier une somme (ou une différence) par un nombre, on peut multiplier chaque terme de cette somme (ou différence) par ce nombre, puis additionner (ou soustraire) les résultats obenus ».

Cette propriété peut être illustrée avec le calcul de l'aire du rectangle *ACDF* :

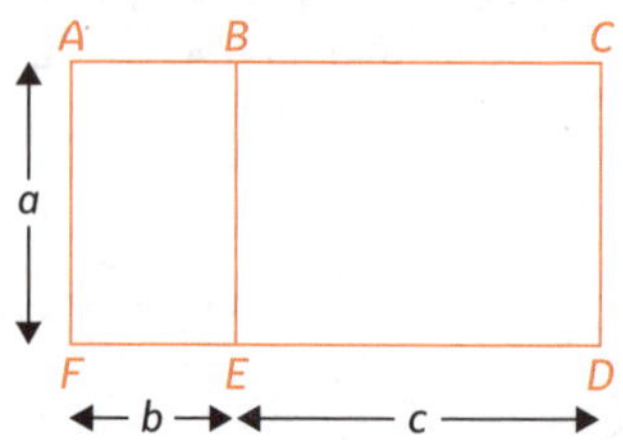

Aire (*ACDF*) = Aire (*ABEF*) + Aire (*BCDE*)

$a \times (b + c) \;=\; a \times b \;+\; a \times c$

Remarque : Cette propriété permet d'écrire que 28 × 7 + 28 = 28 × 8.
En effet 28 × 7 + 28 = 28 × 7 + 28 × 1 = 28 × (7 + 1)

EXERCICE D'APPLICATION

Utiliser la propriété de la distributivité de la multiplication sur l'addition (ou la soustraction) pour transformer, si possible, ces calculs :

a. 11 × (37 + 48)
b. 7 × (25 – 17)
c. 7 × 35 + 8 × 35
d. 25 × 17 – 17 × 12
e. 12 × (5 × 11)
f. 12 + (5 + 15)
g. 12 + (6 × 17)
h. 3 × (27 + 11 + 3)
i. 11 × 5 + 11
j. 25 × 300 + 25 × 20 + 25
k. 3 × 29 + 2 × 34

Corrigé commenté :

a. 11 × (37 + 48) = 11 × 37 + 11 × 48
b. 7 × (25 – 17) = 7 × 25 – 7 × 17
c. 7 × 35 + 8 × 35 = (7 + 8) × 35
d. 25 × 17 – 17 × 12 = 17 × (25 – 12)
e. Impossible, car il n'y a que des multiplications.
f. Impossible, car il n'y a que des additions.
g. Impossible, car c'est l'addition d'un produit et d'un nombre.
h. 3 × (27 + 11 + 3) = 3 × 27 + 3 × 11 + 3 × 3
i. 11 × 5 + 11 = 11 × (5 + 1), car 11 = 11 × 1
j. 25 × 300 + 25 × 20 + 25 = 25 × (300 + 20 + 1)
k. Impossible, car il n'y a pas de facteur commun aux deux produits.

→ EXERCICES 2 et 3 p. 94

C L'algorithme pour multiplier

1. Multiplier un entier par 10 ; 100 ; 1 000 ; ...

Pour démarrer *Calculer 27 × 10 et 3 455 × 100. Justifier vos résultats.*

Réponse 27 × 10 = 27 × 10 unités, or 10 unités = 1 dizaine
donc 27 × 10 unités = 27 × 1 dizaine = 27 dizaines (1 est un élément neutre de la multiplication)
or 27 dizaines = 270 unités, donc 27 × 10 = 270
De même 3 455 × 100 = 3 455 × 100 unités = 3 455 × 1 centaine
= 3 455 centaines = 345 500

Règle **Pour multiplier un entier naturel par 10 ; 100 ; 1 000 ; ...,** on écrit un zéro, deux zéros, trois zéros à la droite du nombre.

Cette règle est source de difficulté pour les élèves, car ils ont tendance à la généraliser pour les nombres décimaux. Or, comme on le verra § 4 A, elle est fausse pour ces nombres. Il est préférable de retenir :

Propriétés

- **Quand on multiplie un nombre par 10,** son chiffre des unités devient le chiffre des dizaines, son chiffre des dizaines devient le chiffre des centaines, ...
- **Quand on multiplie un nombre par 100,** son chiffre des unités devient le chiffre des centaines, son chiffre des dizaines devient le chiffre des milliers, ...

EXERCICES D'APPLICATION

1 **Calculer.**
a. 245 × 100 b. 24 578 × 1 000 c. 100 × 245 d. 25 × 30 e. 321 × 300

Corrigé commenté :
a. 245 × 100 = 24 500
b. 24 578 × 1 000 = 24 578 000
c. 100 × 245 = 24 500
d. 25 × 30 = 25 × (3 × 10) = (25 × 3) × 10 = 75 × 10 = 750
e. 321 × 300 = 96 300

2 **Compléter :** a. 360 000 = 36 × ... b. 704 000 = 704 × ... = 7 040 × ...

Corrigé commenté :
a. 360 000 = 36 × **10 000** b. 704 000 = 704 × **1 000** = 7 040 × **100**

Remarque : La propriété de distributivité de la multiplication par rapport à l'addition et la règle de multiplication d'un entier par 10 ; 100 ; 1 000 permettent de calculer mentalement certains calculs complexes.

3 **Calculer mentalement.**
a. 17 × 23 + 17 × 77 b. 26 × 25 + 75 × 26 c. 127 × 35 – 15 × 127

Corrigé commenté :
a. 17 × (23 + 77) = 17 × 100 = 1 700
b. 26 × 25 + 75 × 26 = 26 × (25 + 75) = 26 × 100 = 2 600
c. 127 × (35 – 15) = 127 × 20 = 2 540

→ EXERCICES 4 et 5 p. 94

2. Multiplier un entier par un entier inférieur à 10

Pour démarrer *Calculer 548 × 7 en posant l'opération. Justifier chaque étape.*

Réponse Vous avez certainement utilisé cet algorithme :

$$\begin{array}{r} 548 \\ \times \quad 7 \\ \hline 3836 \end{array} \qquad \begin{array}{c} \not{5} \\ 3 \end{array}$$

Justification de l'algorithme :

548, c'est 5 centaines, 4 dizaines, 8 unités.

Cette décomposition ne permet pas d'écrire directement le résultat en numération décimale, car le nombre total de dizaines (28) et le nombre total d'unités (56) sont supérieurs à 10. On échange donc les 56 unités contre 5 dizaines (c'est la 1re retenue (5)) et 6 unités et on ajoute ces 5 dizaines aux 28 dizaines (échange / groupement), on obtient 33 dizaines.	5 c 4 d 8 u × 7 u 35 c 28 d 56 u 35 c 28 d 5 d 6 u 33 d
On échange les 33 dizaines contre 3 centaines (c'est la 2e retenue (3)) et 3 dizaines et on ajoute ces 3 centaines aux 35 centaines, on obtient 38 centaines. Le résultat est donc 3 836.	35 c 33 d 6 u 35 c 3 c 3 d 6 u 38 c 3 d 6 u

Sur quelles propriétés s'appuie cet algorithme ?

La multiplication d'un nombre entier par un nombre entier inférieur à 10 repose sur :

- la propriété de la décomposition d'un nombre entier en base dix et la propriété des regroupements.
- la propriété de la distributivité de la multiplication par rapport à l'addition :
(5 c + 4 d + 8 u) × 7 = (5 c × 7) + (4 d × 7) + (8 u × 7)
- la propriété d'associativité de l'addition dans ℕ :
28 d + 56 u = 28 d + (5 d + 6 u) = (28 d + 5 d) + 6 u = 33 d + 6 u

Remarque : Dans l'algorithme « classique » de la multiplication posée, on n'effectue pas les produits des unités, dizaines, centaines avant de faire les échanges et regroupements. On fait ces regroupements au fur et à mesure.

3. Multiplier deux entiers supérieurs à 10

Pour démarrer *Calculer 625 × 57 en posant l'opération. Justifier chaque étape.*

Réponse Vous avez certainement utilisé cet algorithme[1] :

$$\begin{array}{r} 625 \\ \times \quad 57 \\ \hline 4375 \\ 31250 \\ \hline 35625 \end{array}$$

Justification de cet algorithme :

$$\begin{array}{r} 625 \\ \times \quad 57 \\ \hline 4375 \\ 31250 \\ \hline 35625 \end{array}$$

- 4375 : Résultat du produit : 625 × 7
- 31250 : Résultat du produit : 625 × 50
- 35625 : Le résultat final est obtenu en additionnant les deux résultats ci-dessus, on a donc effectué : 625 × 7 + 625 × 50 qui est bien égal à 625 × (7 + 50) = 625 × 57

Sur quelles propriétés s'appuie cet algorithme ?

L'algorithme « classique » de la multiplication des entiers naturels repose sur :

- la propriété de la décomposition en base dix de notre système décimal (cf. C 2 p. 85) ;
- la propriété d'associativité de l'addition (cf. C 2 p. 85) ;
- la propriété de la distributivité de la multiplication par rapport à l'addition : 625 × 7 + 625 × 50 = 625 × (7 + 50) = 625 × 57
- la propriété de la multiplication d'un entier par 10 ; 100 ; 1 000 ; ... : 625 × 50 = 625 × 5 × 10

1. Il y a d'autres algorithmes de la multiplication que nous n'étudierons pas ici.

EXERCICES D'APPLICATION

1 **Calculer 325 × 49 en posant l'opération et en explicitant les propriétés utilisées.**

Corrigé commenté : 325 × 49 = 15 925

2 On sait que : 452 × 3 = 1 356 et 452 × 6 = 2 712
Sans poser de multiplication, calculer 452 × 63.

Corrigé commenté :
452 × 6 = 2 712, donc 452 × 60 = 27 120
452 × 63 = 452 × (60 + 3)
452 × 63 = 452 × 60 + 452 × 3
452 × 63 = 27 120 + 1 356 = 28 476

→ EXERCICE 6 p. 95

3 Comment multiplier deux fractions ?

A Propriété

Pour démarrer *Tracer un carré ABCD tel que AB = 5 cm.*

Placer sur [AB] le point M, tel que AM = $\frac{3}{4}$ AB.

Placer sur [AD] le point N, tel que AN = $\frac{2}{5}$ AD.

Placer le point P tel que AMPN soit un rectangle.
Exprimer de deux façons différentes la mesure de l'aire du rectangle AMPN en prenant comme unité, l'aire du carré ABCD.

Réponse

On sait que l'aire d'un rectangle s'obtient en multipliant la longueur par la largeur (ces deux mesures étant exprimées dans la même unité).

Donc l'aire de *AMPN* est égale à $\frac{3}{4} \times \frac{2}{5}$ de l'aire du carré *ABCD*.

On peut aussi déterminer cette fraction en partageant le carré en petits rectangles (cf. dessin), chacun représentant $\frac{1}{20}$ de l'aire du carré initial.

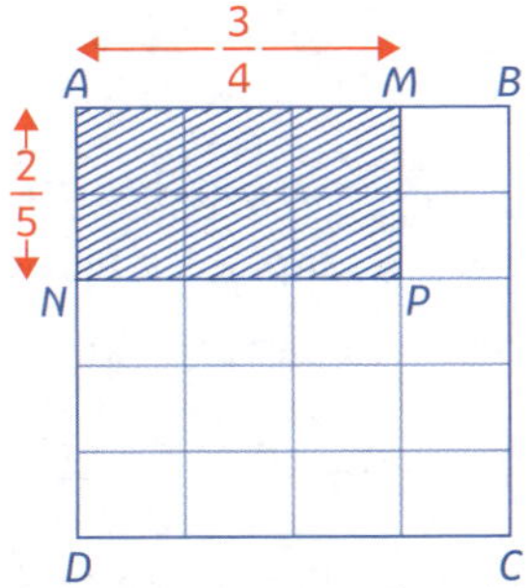

Cela permet de conclure que l'aire de *AMPN* est égale à $\frac{6}{20}$. Donc $\frac{3}{4} \times \frac{2}{5} = \frac{6}{20}$

Propriété **Le produit de deux fractions** est égal à une fraction dont le numérateur est le produit des numérateurs des deux fractions et le dénominateur est le produit des dénominateurs des deux fractions :

$$\frac{a}{b} \times \frac{c}{d} = \frac{a \times c}{b \times d}$$

EXERCICE D'APPLICATION

Calculer.

a. $\frac{3}{5} \times \frac{6}{20}$

c. $\frac{3}{10} \times \frac{5}{10}$

e. $5 \times \frac{3}{4}$

g. $10 \times \frac{5}{10}$

b. $\frac{12}{7} \times \frac{5}{11}$

d. $\frac{4}{100} \times \frac{3}{10}$

f. $\frac{6}{5} \times \frac{3}{5}$

h. $\frac{3}{7} \times 7$

Corrigé commenté :

a. $\frac{3}{5} \times \frac{6}{20} = \frac{18}{100}$

b. $\frac{12}{7} \times \frac{5}{11} = \frac{60}{77}$

c. $\frac{3}{10} \times \frac{5}{10} = \frac{15}{100}$

d. $\frac{4}{100} \times \frac{3}{10} = \frac{12}{1\,000}$

e. $5 \times \frac{3}{4} = \frac{5}{1} \times \frac{3}{4} = \frac{15}{4}$

f. $\frac{6}{5} \times \frac{3}{5} = \frac{18}{25}$

g. $10 \times \frac{5}{10} = \frac{10}{1} \times \frac{5}{10} = \frac{50}{10}$

h. $\frac{3}{7} \times 7 = \frac{3}{7} \times \frac{7}{1} = \frac{21}{7}$

B Simplifier des produits de fractions

Pour démarrer *Simplifier* $\frac{12 \times 7}{7 \times 11}$.

Réponse On peut effectuer les produits des numérateurs et des dénominateurs, puis simplifier la fraction obtenue, comme on l'a vu dans le chapitre 1. Mais, il est plus simple de diviser le numérateur et le dénominateur par 7 (ce qui revient à barrer le facteur commun « 7 ») et on obtient directement $\frac{12}{11}$.

Justification : $\frac{12 \times 7}{7 \times 11} = \frac{12 \times 7}{11 \times 7} = \frac{12}{11} \times \frac{7}{7} = \frac{12}{11} \times 1 = \frac{12}{11}$

La 3e égalité repose sur la propriété des produits de deux fractions.

EXERCICES D'APPLICATION

1 **Simplifier.**

a. $\dfrac{5 \times 17}{17 \times 3}$ **b.** $\dfrac{11 \times 6}{11 \times 5}$ **c.** $\dfrac{12 \times 37}{5 \times 6}$ **d.** $\dfrac{10 \times 9}{15 \times 2}$

Corrigé commenté :

a. $\dfrac{5 \times 17}{17 \times 3} = \dfrac{5}{3}$

b. $\dfrac{11 \times 6}{11 \times 5} = \dfrac{6}{5}$

c. $\dfrac{12 \times 37}{5 \times 6} = \dfrac{\cancel{6} \times 2 \times 37}{5 \times \cancel{6}} = \dfrac{2 \times 37}{5} = \dfrac{74}{5}$

d. $\dfrac{10 \times 9}{15 \times 2} = \dfrac{\cancel{5} \times \cancel{2} \times \cancel{3} \times 3}{\cancel{5} \times \cancel{3} \times \cancel{2}} = 3$

2 **Calculer le plus simplement possible.**
Donner le résultat sous forme d'une fraction irréductible.
Après avoir fait le 1er calcul, lire le corrigé avant de passer aux suivants.

a. $\dfrac{5}{11} \times \dfrac{22}{15}$ **b.** $\dfrac{12}{75} \times \dfrac{25}{18}$ **c.** $\dfrac{33}{17} \times \dfrac{34}{22}$ **d.** $\dfrac{9}{34} \times \dfrac{17}{27} \times \dfrac{2}{3}$

Corrigé commenté :

a. $\dfrac{5}{11} \times \dfrac{22}{15} = \dfrac{5 \times 22}{11 \times 15} = \dfrac{\cancel{5} \times 2 \times \cancel{11}}{\cancel{11} \times 3 \times \cancel{5}} = \dfrac{2}{3}$

Remarque : Avant d'effectuer les produits, on essaie de simplifier la fraction en faisant apparaitre, si possible, au numérateur et au dénominateur des facteurs communs.

b. $\dfrac{12}{75} \times \dfrac{25}{18} = \dfrac{12 \times 25}{75 \times 18} = \dfrac{\cancel{6} \times 2 \times \cancel{25}}{3 \times \cancel{25} \times \cancel{6} \times 3} = \dfrac{2}{9}$

c. $\dfrac{33}{17} \times \dfrac{34}{22} = \dfrac{33 \times 34}{17 \times 22} = \dfrac{3 \times \cancel{11} \times \cancel{2} \times \cancel{17}}{\cancel{17} \times \cancel{2} \times \cancel{11}} = 3$

d. $\dfrac{9}{34} \times \dfrac{17}{27} \times \dfrac{2}{3} = \dfrac{9 \times 17 \times 2}{34 \times 27 \times 3} = \dfrac{\cancel{3} \times \cancel{3} \times \cancel{17} \times \cancel{2}}{\cancel{17} \times \cancel{2} \times 9 \times \cancel{3} \times \cancel{3}} = \dfrac{1}{9}$

→ EXERCICES 7 à 16 p. 95 et 96

4 Comment multiplier deux nombres décimaux ?

A Multiplier par 10 ; 100 ; 1 000 ; ...

Pour démarrer *En prenant quelques exemples de produits de nombres décimaux par 10 ; 100 ; 1 000 ; ..., **retrouver la règle qui permet d'écrire directement le résultat. Justifier cette règle.***

Réponse On prend comme exemple 3,573 × 100 = 357,3.

Justification :

3,573 × 100 = (3 unités + 5 dixièmes + 7 centièmes + 3 millièmes) × 100

= 300 unités + 500 dixièmes + 700 centièmes + 300 millièmes

= 3 centaines + 5 dizaines + 7 unités + 3 dizièmes

Donc 3,573 × 100 = 357,3

Cela permet d'induire les propriétés et les règles ci-dessous :

Propriétés

- **Quand on multiplie un nombre décimal par 10,** son chiffre des dizaines devient le chiffre des centaines, son chiffre des unités devient le chiffre des dizaines, son chiffre des dixièmes devient le chiffre des unités, son chiffre des centièmes devient le chiffre des dixièmes, ...
- **Quand on multiplie un nombre décimal par 100,** son chiffre des dizaines devient le chiffre des milliers, son chiffre des unités devient le chiffre des centaines, son chiffre des dixièmes devient le chiffre des dizaines, son chiffre des centièmes devient le chiffre des unités, ...

De ces propriétés, on peut déduire une règle pratique :

Règle 1 **Pour multiplier un nombre décimal par 10 ; 100 ; 1 000 ; ...,** on déplace chaque chiffre de 1 ; 2 ; 3 ; ... rangs vers la gauche (sans modifier la place de la virgule).

Cette règle est équivalente à une autre, plus souvent utilisée :

Règle 2 **Pour multiplier un nombre décimal par 10 ; 100 ; 1 000 ; ...,** on déplace la virgule de 1 ; 2 ; 3 ; ... rangs vers la droite.
Si nécessaire, on rajoute des 0.

■ **EXERCICES D'APPLICATION**

1 Calculer.

a. 2,57 × 10 b. 0,578 × 100 c. 3,89 × 100 d. 32,8 × 1 000

Corrigé commenté :

a. 2,57 × 10 = 25,7
b. 0,578 × 100 = 57,8
c. 3,89 × 100 = 389
d. 32,8 × 1 000 = 32 800
Dans ce dernier cas, on a rajouté des 0.

2 Compléter.

a. 125,1 = 12,51 × ...
b. 57 = 0,057 × ...
c. 245,3 = 2,4530 × ...
d. 457,7 = 45,7700 × ...

Corrigé commenté :

a. 125,1 = 12,51 × **10**
b. 57 = 0,057 × **1 000**
c. 245,3 = 2,4530 × **100**
d. 457,7 = 45,7700 × **10**

→ EXERCICE 17 p. 96

B Multiplier par 0,1 ; 0,01 ; 0, 0001 ; ...

Pour démarrer *En prenant quelques exemples de produits de nombres décimaux par 0,1 ; 0,01 ; 0,0001 ; ..., retrouver la règle qui permet d'écrire directement le résultat.*

Réponse On prend comme exemple :

$$123{,}68 \times 0{,}01 = \frac{12\,368}{100} \times \frac{1}{100} = \frac{12\,368}{100 \times 100} = \frac{12\,368}{10\,000} = 1{,}2368$$

On est passé de la notation décimale à la notation sous forme de fractions pour 123,68 et 0,01.

On a appliqué la propriété du produit de deux fractions.

On est passé de la notation sous forme de fraction à la notation décimale.

À travers cet exemple, on constate que l'on a déplacé la virgule du nombre de départ de deux rangs vers la gauche.

Propriétés

- **Quand on multiplie un nombre décimal par 0,1,** son chiffre des dizaines devient le chiffre des unités, son chiffre des unités devient le chiffre des dixièmes, son chiffre des dixièmes devient le chiffre des centièmes, son chiffre des centièmes devient le chiffre des millièmes, ...
- **Quand on multiplie un nombre décimal par 0,01,** son chiffre des dizaines devient le chiffre des dixièmes, son chiffre des unités devient le chiffre des centièmes, son chiffre des dixièmes devient le chiffre des millièmes, ...

De ces propriétés, on peut déduire une règle pratique :

Règle 1 **Pour multiplier un nombre décimal par 0,1 ; 0,01 ; 0,001 ; ...,** on déplace chaque chiffre de 1 ; 2 ; 3 ; ... rangs vers la droite (sans modifier la place de la virgule).

Cette règle est équivalente à une autre, plus souvent utilisée :

Règle 2 **Pour multiplier un nombre décimal par 0,1 ; 0,01 ; 0,001 ; ...,** on déplace la virgule de 1 ; 2 ; 3 ; ... rangs vers la gauche.
Si nécessaire, on rajoute des 0.

EXERCICES D'APPLICATION

1 Calculer.

a. $23,5 \times 0,01$ b. $1\,256,5 \times 0,01$ c. $0,34 \times 0,1$

Corrigé commenté :

a. $23,5 \times 0,01 = 0,235$ b. $1\,256,5 \times 0,01 = 12,565$ c. $0,34 \times 0,1 = 0,034$

2 Calculer.

a. 23×10^3 b. $3,51 \times 10^5$ c. $0,051 \times 10^2$ d. $0,312 \times 10^2$

Corrigé commenté :

a. $23 \times 10^3 = 23\,000$
b. $3,51 \times 10^5 = 351\,000$
c. $0,051 \times 10^2 = 5,1$
d. $0,312 \times 10^2 = 31,2$

→ EXERCICES 18 à 21 p. 96 et 97

C Multiplier deux nombres décimaux

Pour démarrer *Calculer 2,07 × 3,5 en posant l'opération. Justifier chaque étape.*

Réponse Vous avez certainement utilisé cet algorithme :

```
  2,07
 × 3,5
 -----
  1035
  6210
 -----
 7,245
```

7 245 est le produit de 207 × 35

Pour trouver le résultat final, vous avez placé la virgule au résultat obtenu en additionnant le nombre de chiffres placés après la virgule des deux facteurs (dans 2,07, il y a 2 chiffres après la virgule et dans 3,5, il y a 1 chiffre, donc il y aura 3 chiffres après la virgule dans le résultat final).

Justification de l'algorithme :

$2{,}07 = 207 \times \frac{1}{100}$ et $3{,}5 = 35 \times \frac{1}{10}$ **(1)**

$$2{,}07 \times 3{,}5 = \left(207 \times \frac{1}{100}\right) \times \left(35 \times \frac{1}{10}\right)$$

$$= (207 \times 35) \times \left(\frac{1}{100} \times \frac{1}{10}\right) \quad \textbf{(2)}$$

$$= 7\,245 \times \frac{1}{1\,000} \quad \textbf{(3)}$$

$$= \frac{7\,245}{1\,000} = 7{,}245$$

Sur quelles propriétés s'appuie cet algorithme ?

En plus des propriétés de l'algorithme de la multiplication de deux entiers, on s'appuie sur :

- la décomposition d'un nombre décimal sous forme d'une fraction décimale (et inversement) (cf. **(1)**) ;
- les propriétés d'associativité et de commutativité de la multiplication (cf. **(2)**) ;
- la propriété du produit de deux fractions (cf. **(3)**).

→ EXERCICES 22 et 23 p. 97

S'ENTRAINER

Déterminer l'ensemble des couples du produit cartésien de deux ensembles

1 Dans un 1er sac, il y a quatre boules numérotées de 1 à 4.
Dans un 2e sac, il y a trois boules numérotées de 1 à 3.
On tire une boule du 1er sac et une boule du 2e sac.

a. Le numéro de la boule du 1er sac représente le chiffre des dizaines et le numéro de la boule du 2e sac représente le chiffre des unités.
À l'aide d'un arbre de choix, écrire l'ensemble des nombres que l'on peut obtenir.

b. Le numéro de la boule du 1er sac représente le chiffre des unités et le numéro de la boule du 2e sac représente le chiffre des dizaines.
À l'aide d'un tableau à double entrée, écrire l'ensemble des nombres que l'on peut obtenir.

Utiliser la propriété de distributivité de la multiplication par rapport à l'addition

2 **En appliquant la propriété de la distributivité de la multiplication sur l'addition (ou la soustraction), transformer, si possible, ces calculs.**

a. $(12 - 5) \times 7$
b. $25 \times 6 + 25 \times 7$
c. $12 \times 7 + 37 \times 8$
d. $(12 + 17) \times 19$
e. $5 + (7 + 3)$
f. $6 \times (5 \times 3)$
g. $12 + (5 \times 7)$
h. $3 \times 18 - 7 \times 3$

3 On sait que $165 \times 7 = 1\,155$.
Comment calculer 165×8 sans effectuer de multiplication ?

Multiplier des nombres entiers par 10 ; 100 ; 1 000

4 **Complète.**

a. $125 \times ... = 12\,500$
b. $1\,256 \times ... = 1\,256\,000$
c. $270 \times ... = 27\,000$
d. $... \times 10 = 3\,150$

5 **Calculer mentalement.**

a. $37 \times 12 + 12 \times 63$
b. $45 \times 228 - 45 \times 28$
c. $18 \times 31 + 69 \times 18$
d. $48 \times 54 + 46 \times 48$

Multiplier deux nombres entiers

6 On sait que : $348 \times 6 = 2\,088$ et $348 \times 5 = 1\,740$

Calculer sans poser de multiplication : **a.** 348×65 **b.** 348×506

Multiplier deux fractions

7 **Calculer. Donner le résultat sous forme d'une fraction irréductible.**

a. $\frac{3}{7} \times \frac{5}{11}$ **b.** $\frac{6}{11} \times \frac{5}{11}$ **c.** $\frac{2}{3} \times \frac{5}{7} \times \frac{11}{3}$

8 **Calculer. Donner le résultat sous forme d'une fraction irréductible.**

a. $\frac{5}{7} \times \frac{5}{3}$ **c.** $\frac{6}{7} \times \frac{5}{7}$ **e.** $3 \times \frac{5}{7}$

b. $\frac{5}{7} + \frac{5}{3}$ **d.** $\frac{6}{7} + \frac{5}{7}$ **f.** $3 + \frac{5}{7}$

9 **Calculer. Donner le résultat sous forme d'une fraction irréductible.**

a. $\frac{5}{7} \times \frac{3}{5}$ **b.** $\frac{11}{2} \times \frac{5}{4} \times \frac{3}{11}$ **c.** $\frac{12}{10} \times \frac{25}{18}$ **d.** $\frac{6}{7} \times \frac{5}{7} \times \frac{21}{12}$

10 **Compléter.**

a. $\frac{3}{5} \times ... = \frac{12}{25}$ **b.** $\frac{5}{6} \times ... = \frac{25}{30}$ **c.** $\frac{3}{7} \times ... = 1$ **d.** $... \times \frac{5}{9} = 1$

Résoudre des problèmes avec des fractions

11 Etienne a pris 240 photos lors de son dernier voyage.

Les $\frac{2}{3}$ sont des paysages et parmi elles, $\frac{1}{5}$ sont des couchers de soleils.

Calculer la fraction de ses photos représentant des couchers de soleils.
Utiliser deux méthodes.

12 Dans un refuge pour animaux, il y a 120 animaux, $\frac{3}{4}$ des animaux sont des chiens et parmi eux, $\frac{2}{3}$ sont des caniches.

Quelle est la proportion de caniches dans ce refuge ?
Utiliser deux méthodes.

13 Un agriculteur vend $\frac{2}{5}$ de sa récolte de pommes à la coopérative et les $\frac{1}{3}$ sont transformés en cidre par la coopérative.
Quelle est la proportion de pommes vendues transformées en cidre ?

14 Ivan fait une randonnée de 3 jours. Le 1er jour, il parcourt $\frac{2}{5}$ de la totalité de la randonnée.
Le 2e jour, il parcourt $\frac{3}{5}$ de la distance restant à parcourir.
Quelle fraction de la distance totale a-t-il parcourue le 2e jour ?

15 Dans une caisse, il y a des billes en bois et des billes en métal.
Il y a $\frac{3}{4}$ de billes en bois et parmi elles, $\frac{1}{5}$ sont bleues.
On sait qu'il y a 30 billes en bois bleues.
Quel est le nombre total de billes dans le sac ?

16 Dans une forêt, il y a trois types d'arbres : $\frac{2}{7}$ sont des épicéas, $\frac{1}{3}$ du reste sont des pins et le reste sont des feuillus. **Quelle est la proportion de feuillus ?**

Multiplier un nombre décimal par 10 ; 100 ; 1 000 ; ...

17 **Compléter.**

a. 12,575 = 100 ×...
b. 47,052 = 10 × ...
c. 0,035 = 100 × ...
d. 12 586 = 1 000 × ...

Multiplier un nombre décimal par 10 ; 100, 1 000 ; 0,1 ; 0,01 ; 0,001

18 **Compléter.**

a. 12,5 × ... = 0,125
b. ... × 35,6 = 0,00356
c. ... × 125,7 = 0,1257

19 **Compléter.**

a. 245,7 × ... = 24 570
b. 0,0012 × ... = 1,2
c. 24,56 × ... = 0,2456
d. 24,51 × ... = 0,02451

20 **Compléter.**

a. ... × 100 = 34,58
b. 0,001 × ... = 352,58
c. 0,001 × ... = 0,25
d. ... × 10 = 0,24

21 **Calculer.**

a. 78×10^3 b. $0,34 \times 10^2$ c. $4,58 \times 10^3$

Multiplier deux nombres décimaux

22 On sait que 2 356 × 37 = 87 172.
Trouver le résultat de ces produits sans poser les opérations.

a. 23,56 × 37 b. 2,356 × 0,37 c. 0,2356 × 3 700

23 On sait que 245 × 67 = 16 415. **Compléter.**

a. 24,5 × ... = 16,415 b. ... × 6,7 = 16,415 c. 0,245 × ... = 1 641,5

CORRIGÉS

1 a. **1er sac 2e sac**

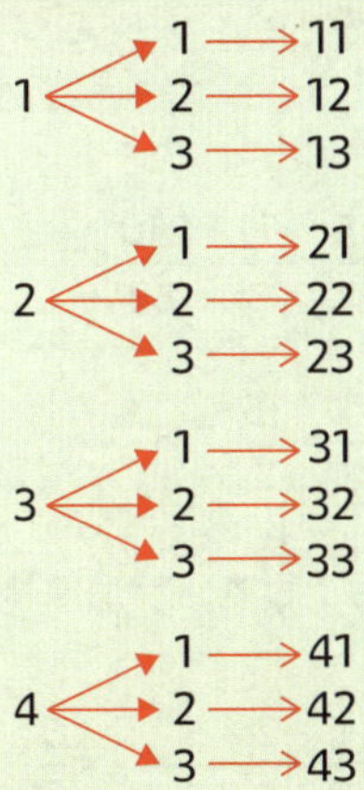

b.

1er sac / 2e sac	**1**	**2**	**3**	**4**
1	11	12	13	14
2	21	22	23	24
3	31	32	33	34

2 a. (12 – 5) × 7 = 12 × 7 – 5 × 7

b. 25 × 6 + 25 × 7 = 25 × (6 + 7)

c. 12 × 7 + 37 × 8 : Impossible

d. (12 + 17) × 19 = 12 × 19 + 17 × 19

e. 5 + (7 + 3) : Impossible

f. 6 × (5 × 3) : Impossible

g. 12 + (5 × 7) : Impossible

h. 3 × 18 – 7 × 3 = 3 × (18 – 7)

3 Il suffit d'ajouter 165 au résultat.
En effet $165 \times 8 = 165 \times (7 + 1) = 165 \times 7 + 165 \times 1 = 1\,155 + 165 = 1\,320$

4 **a.** $125 \times 100 = 12\,500$
b. $1\,256 \times 1\,000 = 1\,256\,000$
c. $270 \times 100 = 27\,000$
d. $315 \times 10 = 3\,150$

5 **a.** $37 \times 12 + 12 \times 63 = (37 + 63) \times 12 = 100 \times 12 = 1\,200$
b. $45 \times 228 - 45 \times 28 = 45 \times (228 - 28) = 45 \times 200 = 9\,000$
c. $18 \times 31 + 69 \times 18 = 18 \times (31 + 69) = 18 \times 100 = 1\,800$
d. $48 \times 54 + 46 \times 48 = 48 \times (54 + 46) = 48 \times 100 = 4\,800$

6 **a.**
$$\begin{aligned} 348 \times 65 &= 348 \times (60 + 5) \\ &= 348 \times 60 + 348 \times 5 \\ &= 348 \times (6 \times 10) + 348 \times 5 \\ &= (348 \times 6) \times 10 + 348 \times 5 \\ &= 2\,088 \times 10 + 348 \times 5 \\ &= 20\,880 + 348 \times 5 \\ &= 20\,880 + 1\,740 = 22\,620 \end{aligned}$$

b.
$$\begin{aligned} 348 \times 506 &= 348 \times (500 + 6) \\ &= 348 \times 500 + 348 \times 6 \\ &= 174\,000 + 2\,088 = 176\,088 \end{aligned}$$

7 **a.** $\frac{3}{7} \times \frac{5}{11} = \frac{15}{77}$ **b.** $\frac{6}{11} \times \frac{5}{11} = \frac{30}{121}$ **c.** $\frac{2}{3} \times \frac{5}{7} \times \frac{11}{3} = \frac{110}{63}$

8 **a.** $\frac{5}{7} \times \frac{5}{3} = \frac{25}{21}$
b. $\frac{5}{7} + \frac{5}{3} = \frac{15}{21} + \frac{35}{21} = \frac{50}{21}$
c. $\frac{6}{7} \times \frac{5}{7} = \frac{30}{49}$
d. $\frac{6}{7} + \frac{5}{7} = \frac{11}{7}$
e. $3 \times \frac{5}{7} = \frac{15}{7}$
f. $3 + \frac{5}{7} = \frac{21}{7} + \frac{5}{7} = \frac{26}{7}$

9 **a.** $\frac{5}{7} \times \frac{3}{5} = \frac{5 \times 3}{7 \times 5} = \frac{3}{7}$
b. $\frac{11}{2} \times \frac{5}{4} \times \frac{3}{11} = \frac{11 \times 5 \times 3}{2 \times 4 \times 11} = \frac{15}{8}$
c. $\frac{12}{10} \times \frac{25}{18} = \frac{12 \times 25}{10 \times 18} = \frac{6 \times 2 \times 5 \times 5}{2 \times 5 \times 3 \times 6} = \frac{5}{3}$
d. $\frac{6}{7} \times \frac{5}{7} \times \frac{21}{12} = \frac{6 \times 5 \times 7 \times 3}{7 \times 7 \times 2 \times 6} = \frac{15}{14}$

10 **a.** $\frac{3}{5} \times \frac{4}{5} = \frac{12}{25}$ **b.** $\frac{5}{6} \times 1 = \frac{25}{30}$ **c.** $\frac{3}{7} \times \frac{7}{3} = 1$ **d.** $\frac{9}{5} \times \frac{5}{9} = 1$

11 ▸ **Méthode 1 :**
Nombre de photos de paysage : $240 \times \frac{2}{3} = 160$

Nombre de couchers de soleil : $160 \times \frac{1}{5} = 32$

Fraction de couchers de soleil : $\frac{32}{240} = \frac{2}{15}$

▸ **Méthode 2 :** Fraction de couchers de soleil : $\frac{1}{5} \times \frac{2}{3} = \frac{2}{15}$

12 ▸ **Méthode 1 :**

Nombre de chiens : $120 \times \frac{3}{4} = 90$

Nombre de caniches : $90 \times \frac{2}{3} = 60$

Proportion de caniches : $\frac{60}{120} = \frac{1}{2}$

▸ **Méthode 2 :** $\frac{2}{3} \times \frac{3}{4} = \frac{1}{2}$

13 $\frac{2}{5} \times \frac{1}{3} = \frac{2}{15}$

14 À la fin du 2e jour, il lui reste $1 - \frac{2}{5} = \frac{3}{5}$ à parcourir.

Le 2e jour, il a donc parcouru $\frac{3}{5} \times \frac{3}{5} = \frac{9}{25}$ de la distance totale.

15 Fraction de billes bleues en bois dans le sac : $\frac{3}{4} \times \frac{1}{5} = \frac{3}{20}$

$\frac{3}{20}$ de billes représentent donc 30 billes, donc $\frac{1}{20}$ représente 10 billes.

Il y a donc 20 billes × 10 = 200 billes.

16 ▸ **Méthode 1 :** Il y a $\frac{2}{7}$ d'épicéas, il reste donc $1 - \frac{2}{7} = \frac{5}{7}$ d'autres arbres.

Il y a donc $\frac{5}{7} \times \frac{1}{3} = \frac{5}{21}$ de pins. Il reste $1 - \left(\frac{2}{7} + \frac{5}{21}\right) = 1 - \frac{11}{21} = \frac{10}{21}$ de feuillus.

▸ **Méthode 2 :** Les $\frac{2}{3}$ de ce qui reste correspondent aux feuillus.

$\frac{2}{3} \times \frac{5}{7} = \frac{10}{21}$, donc la proportion de feuillus est $\frac{10}{21}$.

17 a. 12,575 = 100 × **0,12575**
b. 47,052 = 10 × **4,7052**
c. 0,035 = 100 × **0,00035**
d. 12 586 = 1 000 × **12,586**

18 a. 12,5 × **0,01** = 0,125
b. **0,0001** × 35,6 = 0,00356
c. **0,001** × 125,7 = 0,1257

19 a. 245,7 × **100** = 24 570
b. 0,0012 × **1 000** = 1,2
c. 24,56 × **0,01** = 0,2456
d. 24,51 × **0,001** = 0,02451

20 a. **0,3458** × 100 = 34,58
b. 0,001 × **352 580** = 352,58
c. 0,001 × **250** = 0,25
d. **0,024** × 10 = 0,24

21 a. 78 × 10^3 = 78 000
b. 0,34 × 10^2 = 34
c. 4,58 × 10^3 = 4 580

22 a. 23,56 × 37 = 871,72
b. 2,356 × 0,37 = 0,87172
c. 0,2356 × 3 700 = 871,72

23 a. 24,5 × **0,67** = 16,415 b. **2,45** × 6,7 = 16,415 c. 0,245 × **6 700** = 1 641,5

CHAPITRE

5 Division

- *Qu'est-ce que la division de deux nombres entiers ?*
- *Lorsqu'on parle de division euclidienne et de division parle-t-on de la même chose ?*
- *Comment justifier les différentes étapes de l'algorithme de la division euclidienne de deux nombres entiers ?*
- *Comment effectue-t-on la division de deux nombres décimaux ? de deux nombres rationnels ?*
- *Dans quel ordre effectue-t-on les opérations dans un calcul en ligne ?*

→ FICHE SYNTHÈSE 5

COMPRENDRE

Pour démarrer *Effectuer la division de 7 par 2.*

Réponse Cette question est ambigüe. En effet, on peut répondre 3,5 ou répondre le quotient est 3 et le reste est 1.
Dans le 1er cas, on a mobilisé la division et dans l'autre, la division euclidienne.
C'est le contexte d'un problème qui permet de savoir quelle division doit être mobilisée.
Nous allons présenter chacune de ces divisions.

1 Qu'est-ce que la division euclidienne ?

A Définition

Pour démarrer *Pour les fêtes de fin d'année, une association dispose de 465 papillotes.*
Elle souhaite constituer des sachets de 6 papillotes.
a. *Combien de sachets peut-elle constituer au maximum ?*
b. *Comment trouver ce résultat sans effectuer de division ?*

Réponses

a. Vous avez certainement effectué la division euclidienne de 465 par 6.
Vous avez trouvé 77 comme quotient et 3 comme reste.
Cela signifie que l'on peut réaliser 77 sachets et qu'il va rester 3 papillotes.
Si on effectue la division de 465 par 6, on trouve 77,5 qui n'est évidemment pas un nombre de sachets correct.

b. Il y a plusieurs procédures possibles pour trouver le résultat de ce problème sans effectuer de division :

- **Procédure 1 :** On additionne successivement 6 jusqu'à ce que l'on obtienne le plus grand nombre inférieur à 465. Le nombre de fois que l'on a additionné 6 est égal au nombre de sachets.

- **Procédure 2 :** On soustrait successivement 6 en partant de 465 jusqu'à obtenir un nombre inférieur à 6. Le nombre de fois que l'on a soustrait 6 est égal au nombre de sachets.

- **Procédure 3 :** On fait des essais multiplicatifs de façon à trouver deux multiples consécutifs de 6 qui encadrent 465 : $77 \times 6 \leq 465 < 78 \times 6$
Le nombre de sachets est égal à 77.

- **Procédure 4 :** On choisit un multiple de 6 inférieur à 465. On soustrait ensuite le résultat obtenu à 465, puis on recommence avec le nombre obtenu.
On continue ainsi jusqu'à obtenir un nombre inférieur à 6.

Exemple :

$6 \times 50 = 300$	$\rightarrow 465 - 300 = 165$	**(1)**
$6 \times 20 = 120$	$\rightarrow 165 - 120 = 45$	**(2)**
$6 \times 5 = 30$	$\rightarrow 45 - 30 = 15$	**(3)**
$6 \times 2 = 12$	$\rightarrow 15 - 12 = 3$	**(4)**

Le nombre de sachets est égal à $50 + 20 + 5 + 2 = 77$ et il reste 3 papillotes.

Justification : D'après **(1)**, on a $465 = 300 + 165$

D'après **(2)**, on a $165 = 120 + 45$, donc $465 = 300 + 120 + 45$

...

On arrive finalement à
$$465 = 300 + 120 + 30 + 12 + 3$$
$$= 6 \times 50 + 6 \times 20 + 6 \times 5 + 6 \times 2 + 3$$
$$= 6 \times (50 + 20 + 5 + 2) + 3$$

On utilise la propriété de la distributivité de la multiplication par rapport à l'addition, donc $465 = 6 \times 77 + 3$ et comme 3 est inférieur à 6, on ne peut pas constituer de paquets supplémentaires.

Remarque : Dans cette égalité $465 = 6 \times 77 + 3$, on n'a pas mis de parenthèses autour du calcul 6×77 car elles sont inutiles si on se réfère aux règles de priorité (cf. § 3 p. 115).

Propriété et définition Étant donné deux entiers naturels a et b (avec b non nul), il existe un unique couple[1] $(q\ ;\ r)$ d'entiers naturels tels que : $\boldsymbol{a = b \times q + r}$ **avec** $\boldsymbol{0 \leq r < b}$

Le processus qui permet au couple $(a\ ;\ b)$ d'associer le couple $(q\ ;\ r)$ est appelé **division euclidienne** de a par b.

q est le **quotient** de cette division et r le **reste.**

a est le **dividende** et b le **diviseur**.

Conséquence **Le quotient q** de la division euclidienne de a par b est l'unique entier naturel tel que : $\boldsymbol{b \times q \leq a < b \times (q + 1)}$

Donc **le quotient de la division euclidienne de a par b est le plus grand entier naturel dont le produit par b est inférieur ou égal à a.**

▪ EXERCICES D'APPLICATION

1 **Vérifier ces divisions sans les poser.**

Divisions	Dividendes	Diviseurs	Quotients	Restes
a.	175	36	4	31
b.	2 587	45	56	67
c.	3 756	89	41	18
d.	458	8	57	2

Corrigé commenté :

a. Juste, car $36 \times 4 + 31 = 175$ et $31 < 36$

b. Fausse, car le reste (67) est supérieur au diviseur (45) et pourtant $45 \times 56 + 67 = 2\,587$

c. Fausse, car $89 \times 41 + 18 \neq 3\,756$

d. Juste, car $8 \times 57 + 2 = 458$ et $2 < 8$

2 a. On sait que $17 \times 25 + 3 = 428$.

Sans effectuer la division, peut-on en déduire le quotient et le reste de la division euclidienne de : ▸ 428 par 25 ? ▸ 428 par 17 ?

b. On sait que $24 \times 15 + 18 = 378$.

Sans effectuer la division, peut-on en déduire le quotient et le reste de la division euclidienne de : ▸ 378 par 24 ? ▸ 378 par 15 ?

---

1. Pour la notion de couples, cf. *Chapitre 4* p. 79.

Corrigé commenté :

a. ▸ **3 < 25**, donc le reste de la division euclidienne de 428 par 25 est 3 et le quotient est 17.

▸ **3 < 17**, donc le reste de la division euclidienne de 428 par 17 est 3 et le quotient est 25.

b. ▸ **18 < 24**, donc le reste de la division euclidienne de 378 par 24 est 18 et le quotient est 15.

▸ **18 > 15**, donc 18 ne peut pas être le reste de la division euclidienne de 378 par 15.

Par contre, on peut transformer l'égalité pour obtenir le reste et le quotient de cette division :

$$378 = 24 \times 15 + 18$$

$$\text{Donc } 378 = \underbrace{24 \times 15 + 15} + 3$$

$$\text{Donc } 378 = 15 \times (24 + 1) + 3$$
$$= 15 \times 25 + 3$$

3 < 15, donc le reste de la division euclidienne de 378 par 15 est 3 et le quotient est 25.

3 Déterminer le nombre de chiffres du quotient de la division euclidienne de 127 456 par 355.

Corrigé commenté :

▸ **Méthode 1 :** 127 456, c'est 1 274 centaines + 56 unités
En divisant 1 274 centaines par 355, on obtient un nombre entier de centaines inférieur à 10 (3). Le quotient a donc 3 chiffres.

▸ **Méthode 2 :** On encadre le quotient entre deux puissances consécutives de 10. (cf. *chapitre 1* p. 10).
Pour cela, on encadre 127 456 entre deux produits du type 355×10^n et $355 \times 10^{n+1}$; ici $355 \times 10^2 < 127\,456 < 355 \times 10^3$
Or, on sait que le quotient q de la division euclidienne de 127 456 par 355 est le plus grand entier dont le produit par 355 est inférieur à 127 456, donc $10^2 \leq q$.
On sait que $q + 1$ est le plus petit entier tel que $127\,456 < 355 \times 10^3$ donc $q + 1 < 10^3$, donc $q < 10^3 - 1$, donc $q < 999$
Donc $100 \leq q < 999$, donc q a 3 chiffres.

B L'algorithme de la division euclidienne

Pour démarrer *Calculer la division euclidienne de 12 856 par 37 en posant la potence. Justifier chaque étape.*

Réponse Vous avez certainement utilisé cet algorithme :

12856	37
– 111	347
175	
– 148	
276	
– 259	
17	

Justification de l'algorithme :

Contrairement aux autres opérations, on commence l'algorithme de la division euclidienne en traitant les chiffres de gauche du dividende.

Les quotients des divisions euclidiennes de 1 dizaine de milliers par 37 et de 12 milliers par 37 sont nuls, donc il n'y a pas de chiffre des dizaines de milliers, ni de chiffre des milliers au quotient. Par contre, le quotient de 128 centaines par 37 n'est pas nul et pour le déterminer, on fait une estimation de ce quotient, puis on teste cette estimation. On peut commencer par ne prendre en compte que le nombre de dizaines des deux nombres : « Dans 12, combien de fois 3 ? 4 fois. » Mais, 4 × 37 est supérieur à 128, alors on teste 3 × 37. On a donc 3 centaines au quotient. On calcule alors le reste en posant la soustraction 128 – 3 × 37, on trouve 17 centaines.	**128c** 5d 6u | **37** – 111c | **3c** **17c**

On divise ensuite 175 dizaines (17 centaines + 5 dizaines) par 37 en procédant comme précédemment, ce qui donne 4 dizaines au quotient et 27 dizaines comme reste.	128c 5d 6u │ **37** – 111c ↓ │ 3c **4d** **17c 5d** – 148d **27d**
Il reste à diviser 276 unités (27 dizaines + 6 unités) par 37, ce qui donne 7 unités au quotient et 17 unités comme reste. Donc le quotient est 3 centaines, 4 dizaines et 7 unités (ou 347) et le reste est 17. On peut vérifier ces résultats en calculant : 37 × 347 + 17 = 12 856	128c 5d 6u │ **37** – 111 │ 3c 4d **7u** 17c 5d – 148 ↓ **27d 6u** – 259 **17**

Remarque : Cet algorithme est complexe à mettre en place, car il faut maitriser la multiplication, la soustraction et le calcul des différents quotients nécessite de passer par des tests de valeurs et des estimations.

▪ EXERCICES D'APPLICATION

1 **Effectuer la division euclidienne de 37 586 par 19.**

Corrigé commenté :

Le quotient est 1 978 et le reste est 4.

Remarque : Sur certaines calculatrices, il y a une touche qui permet d'effectuer des divisions euclidiennes.

2 **Vérifier votre réponse à l'exercice 1 avec la calculatrice, si elle possède la touche « division euclidienne », sinon, avec un autre calcul.**

→ EXERCICES 1 à 8 p. 116

2 Qu'est-ce que la division entre deux nombres rationnels ?

A Définition

Pour démarrer *Effectuer la division de 5 par 2.*

Réponse La division de 5 par 2 donne comme quotient 2,5.
Il ne faut pas confondre avec le quotient de la division euclidienne de 5 par 2 qui est égal à 2, car $5 = 2 \times 2 + 1$.

Définition Étant donné deux nombres rationnels[2] a et b (avec b non nul).
On appelle **quotient de la division de *a* par *b*,** le nombre q tel que $\boldsymbol{b \times q = a}$.
$\boldsymbol{q}$ est noté $\boldsymbol{a : b}$ et est aussi appelé **« quotient »**.
La division est l'opération, qui a deux nombres rationnels, associe **leur quotient**.

Exemples : Le quotient de la division de 7 par 2 est 3,5, car $2 \times 3{,}5 = 7$.
Le quotient de la division de 12 par 3 est 4, car $3 \times 4 = 12$.
Le quotient de $\frac{2}{3}$ par $\frac{3}{5}$ est égal à $\frac{10}{9}$, car $\frac{3}{5} \times \frac{10}{9} = \frac{2}{3}$.

Remarque : Si le reste de la division euclidienne de deux nombres naturels a par b est 0, alors le quotient de la division de a par b est le même que le quotient de la division euclidienne de a par b. On parle aussi de **quotient entier exact**.

Justification : Soit q le quotient de la division euclidienne de a par b, on a, d'après l'égalité euclidienne, $a = bq + 0$, donc $a = bq$, donc, d'après la définition ci-dessus, q est le quotient de la division de a par b.

EXERCICE D'APPLICATION

a. On sait que $5 \times 12{,}7 = 63{,}5$. **Trouver le quotient de la division de 63,5 par 5.**
b. On sait que $1{,}3 \times 4{,}6 = 5{,}98$.
Trouver tous les quotients possibles que l'on peut déduire de cette égalité.

Corrigé commenté :
a. C'est 12,7.
b. Le quotient de 5,98 par 1,3 est 4,6 et le quotient de 5,98 par 4,6 est 1,3.

---

2. Les définitions sont également valables pour les nombres réels qui ne sont pas abordés dans cet ouvrage.

B Propriété

Propriété **On ne change pas le quotient de deux nombres rationnels,** si on multiplie (ou divise) ces nombres par un même nombre.
a, b et c étant trois nombres rationnels (avec b et c non nuls), on a :

$$a : b = (a \times c) : (b \times c)$$

Justification : Soit q le quotient de la division de a par b, on a donc, d'après la définition, $a = b \times q$.
On peut multiplier les deux membres de cette égalité par un même nombre c, on obtient :
$a \times c = (b \times q) \times c$
$a \times c = (b \times c) \times q$ *(propriétés d'associativité et de commutativité de la multiplication)*

donc $(a \times c) : (b \times c) = q$

Cette propriété va nous permettre de calculer facilement des quotients de division de nombres décimaux et de nombres fractionnaires.

▪ EXERCICE D'APPLICATION

Parmi ces quotients, lesquels sont égaux à 0,5 : 3,4 ?
1 : 6,8 5 : 34 500 : 340

Corrigé commenté :
1 : 6,8, car on a multiplié les deux termes par 2.
5 : 34, car on a multiplié les deux termes par 10.

C Diviser deux nombres entiers

Pour démarrer **1** *On désire couper une ficelle de 23 m de long en 4 morceaux de même longueur.* ***Quelle doit être la longueur de chaque morceau ?***

Réponse
▸ **Méthode 1 :** Si on effectue la division euclidienne de 23 par 4, on obtient 5 comme quotient et 3 comme reste. Cela signifie que l'on obtient des morceaux de 5 m et qu'il reste 3 m à partager.
Pour les partager, on peut convertir ces 3 m en dm, on obtient 3 m = 30 dm.
Si on effectue la division euclidienne de 30 par 4, on trouve 7 et il reste 2.
Cela signifie que l'on rajoute, à chaque morceau, 7 dm et qu'il reste encore 2 dm à partager.

On peut convertir les 2 dm en cm, on obtient 2 dm = 20 cm.
Si on effectue la division euclidienne de 20 par 4, on obtient 5 cm et reste 0 cm.
Donc chaque morceau a une longueur de 5 m 7 dm 5 cm = 5,75 m.

- **Méthode 2 :** On pose 23 divisé par 4.

```
 23,00 | 4
-20    |-----
   30  | 5,75
 - 28  |
    20 |
  - 20 |
    00 |
```

On effectue la division euclidienne de 23 m par 4, on trouve 5 m comme quotient et 3 m comme reste.
On abaisse un 0 à côté du 3, on obtient donc 30 dixièmes de mètre.
On effectue alors la division euclidienne de 30 par 4, on obtient 7 dixièmes de mètre comme quotient et 2 dixièmes de mètre comme reste. Le quotient étant en dixièmes de mètre, on place une virgule à la suite du quotient obtenu précédemment (5), puis on écrit le nouveau quotient (7).
On abaisse ensuite un zéro à côté du 2, on obtient donc 20 centièmes de mètre.
On effectue alors la division euclidienne de 20 par 4, on obtient 5 centièmes de mètre comme quotient et 0 comme reste.
Le résultat est donc 5 mètres, 7 dixièmes de mètre, 5 centièmes de mètre (5,75).

Pour démarrer **2** *Effectuer la division de 146 par 99.*

Réponse Vous avez sans doute procédé de cette façon :

```
  146      | 99
 - 99      |--------
  470      | 1,474...
 -396      |
   740     |
  -693     |
    470    |
   -396    |
    740    |
```

On constate que l'on obtient les mêmes restes, 47 et 74. Cela signifie deux choses :
- la division ne s'arrêtera jamais ;
- le quotient sera égal au nombre : 1,474747...
le « 47 » se répétant indéfiniment.

On note ce résultat $1,\overline{47}$, on dit que c'est une **écriture décimale périodique** du quotient de 146 par 99 ou de $\frac{146}{99}$.

Propriété **Le quotient de deux entiers naturels** peut être un nombre entier, un nombre décimal ou un nombre dont l'écriture décimale est périodique.

Remarques : Dans tous les cas :
- La division de deux nombres entiers est un nombre rationnel (cf. *Chapitre 2* p. 44).
- On peut approcher, aussi près que l'on veut, le quotient de deux nombres entiers par une écriture décimale.

EXERCICES D'APPLICATION

1 **Calculer.**

a. 456 : 25 b. 441 : 84 c. 5 : 64 d. 352 : 25

Corrigé commenté :

a. 18,24 b. 5,25 c. 0,078125 d. 14,08

2 **Trouver le quotient de ces divisions.**

a. 47 divisé par 9 b. 124 divisé par 33

Corrigé commenté :

a. $5,\overline{2}$ b. $3,\overline{75}$

D Diviser deux nombres décimaux

Pour démarrer *Trouver le quotient de 2,3 par 0,4.*

Réponse On sait que l'on ne change pas le quotient de deux nombres rationnels, si on multiplie (ou divise) ces nombres par un même nombre.
Donc si on multiplie 2,3 et 0,4 par 10, on obtient respectivement 23 et 4.
Donc le quotient de 2,3 par 0,4 est le même que le quotient de 23 par 4.
23 : 4 = 5,75, donc 2,3 : 0,4 = 5,75

Propriété On peut toujours ramener la recherche du quotient de deux nombres décimaux au quotient de deux nombres entiers en multipliant chacun de ces deux nombres par une puissance de 10.

Exemple : Le quotient de la division de 2,37 par 5,2 est le même que celui de la division de 237 par 520 (on a multiplié les deux termes de la division par 100).

Propriété **Le quotient de deux nombres décimaux**, comme le quotient de deux nombres entiers, peut être un nombre entier, un nombre décimal ou un nombre dont l'écriture décimale est périodique.

EXERCICES D'APPLICATION

1 **Parmi ces divisions, déterminer celles qui donnent le même résultat que 21,75 : 0,45.**

2,175 : 4,5 2 175 : 450 217,5 : 4,5 2 175 : 45

Corrigé commenté :
217,5 : 4,5, car on a multiplié les deux membres de la division de départ par 10.
2 175 : 45, car on a multiplié les deux membres de la division de départ par 100.

2 Calculer en posant les divisions.
a. 27,2 : 3,4 b. 9,38 : 3,5 c. 1,344 : 5,6 d. 1,5 : 0,07

Corrigé commenté :
a. 8 b. 2,68 c. 0,24 d. $21,\overline{428571}$

→ EXERCICES 9 à 12 p. 117

E Diviser deux fractions

Pour démarrer **1** *Trouver une fraction dont le produit avec $\frac{2}{3}$ est égal à 1.*

Réponse $\frac{2}{3} \times \frac{3}{2} = \frac{6}{6} = 1$

Définition Deux nombres sont **inverses**, si leur produit est égal à 1.

Conséquence
Si a et b sont deux entiers non nuls, alors **l'inverse de $\frac{a}{b}$ est $\frac{b}{a}$**.

Justification : $\frac{a}{b} \times \frac{b}{a} = \frac{ab}{ba} = 1$

! Ne pas confondre « inverse » et « opposé ».
L'inverse de $\frac{3}{7}$ est $\frac{7}{3}$ mais son opposé est $-\frac{3}{7}$.

Pour démarrer **2** *On rappelle que le quotient de la division de a par b est le nombre q tel que b × q = a.*
Déterminer le quotient de la division de $\frac{2}{3}$ par $\frac{5}{7}$.

Réponse C'est le nombre q tel que $\frac{5}{7} \times q = \frac{2}{3}$
(cf. § 2 A p. 107)

On peut multiplier les deux membres de cette égalité par un même nombre, l'inverse de $\frac{5}{7}$. On obtient :

$$\frac{7}{5} \times \left(\frac{5}{7} \times q\right) = \frac{2}{3} \times \frac{7}{5}$$

$$\left(\frac{7}{5} \times \frac{5}{7}\right) \times q = \frac{2}{3} \times \frac{7}{5}$$ *(Propriété de l'associativité de la multiplication)*

donc $1 \times q = \frac{2}{3} \times \frac{7}{5}$

donc $q = \frac{2}{3} \times \frac{7}{5}$ *(1 est l'élément neutre de la multiplication)*

Ainsi, le quotient de la division de $\frac{2}{3}$ par $\frac{5}{7}$ est $\frac{2}{3} \times \frac{7}{5}$.

Propriété

Si on multiplie les deux membres d'une égalité par un même nombre, on obtient encore une égalité.

Propriété *a*, *b*, *c* et *d* sont des entiers non nuls.
Diviser par un nombre, c'est multiplier par l'inverse de ce nombre.

$$\frac{a}{b} : \frac{c}{d} = \frac{a}{b} \times \frac{d}{c} \quad \text{et} \quad \frac{a}{b} : c = \frac{a}{b} \times \frac{1}{c}$$

▪ EXERCICES D'APPLICATION

1 Déterminer les inverses de ces nombres.

a. $\frac{3}{5}$ b. $\frac{1}{5}$ c. 6 d. $\frac{3}{4}$

Corrigé commenté :

a. $\frac{5}{3}$ b. $\frac{5}{1} = 5$ c. $\frac{1}{6}$ d. $\frac{4}{3}$

2 Calculer. Donner les résultats sous forme d'une fraction irréductible.

a. $\frac{3}{4} : \frac{5}{2}$ b. $\frac{2}{7} : 7$ c. $\frac{4}{5} : \frac{5}{9}$ d. $\dfrac{\frac{3}{11}}{\frac{9}{22}}$

Corrigé commenté :

a. $\frac{3}{4} : \frac{5}{2} = \frac{3}{4} \times \frac{2}{5} = \frac{3 \times 2}{4 \times 5} = \frac{3}{10}$

b. $\frac{2}{7} : 7 = \frac{2}{7} \times \frac{1}{7} = \frac{2}{49}$

c. $\frac{4}{5} : \frac{5}{9} = \frac{4}{5} \times \frac{9}{5} = \frac{36}{25}$

d. $\frac{\frac{3}{11}}{\frac{9}{22}} = \frac{3}{11} \times \frac{22}{9} = \frac{3 \times 22}{11 \times 9} = \frac{\cancel{3} \times 2 \times \cancel{11}}{\cancel{11} \times \cancel{3} \times 3} = \frac{2}{3}$

→ EXERCICES 13 à 15 p. 117 et 118

F Division et distributivité

Pour démarrer *La division est-elle distributive par rapport à l'addition (ou la soustraction) ?*

Réponse Il s'agit de savoir si quels que soient a, b et c (avec $c \neq 0$) :

$(a + b) : c = (a : c) + (b : c)$

$(a + b) : c = (a + b) \times \frac{1}{c}$ car diviser par un nombre, c'est multiplier par son inverse.

$(a + b) : c = \left(a \times \frac{1}{c}\right) + \left(b \times \frac{1}{c}\right)$ *(Propriété de distributivité de la multiplication par rapport à l'addition)*

Donc $(a + b) : c = (a : c) + (b : c)$

Propriété Quels que soient les nombres rationnels a, b et c non nuls, on a : $\boldsymbol{(a + b) : c = a : c + b : c}$

! Par contre, la distributivité de la division par rapport à l'addition/soustraction ne fonctionne pas de l'autre côté, c'est-à-dire que :
$c : (a + b) \neq (c : a) + (c : b)$ (contrairement à la multiplication).
Un contre-exemple suffit pour le prouver :
$12 : (3 + 6) = 12 : 9 = \frac{4}{3}$
$(12 : 3) + (12 : 6) = 4 + 2 = 6$
Donc $12 : (3 + 6) \neq 12 : 3 + 12 : 6$

Par rapport à l'addition (ou à la soustraction), on dit que la division est uniquement distributive à droite.

G Conclusion

Conclusions

- **La division euclidienne** ne s'applique que pour deux entiers (le diviseur est non nul) et elle donne deux résultats qui sont des nombres entiers.
- **La division** s'applique pour n'importe quel nombre réel (le diviseur est non nul), elle ne donne qu'un résultat qui est un nombre réel.

3 Dans quel ordre effectue-t-on les opérations dans un calcul en ligne ?

Pour démarrer *Calculer mentalement.*

a. *27 – (8 + 2)*	**c.** *30 – 21 – 1*	**e.** *(13 + 7) × 5*	**g.** *32 + 8 : 4*
b. *37 – 9 + 1*	**d.** *13 + 7 × 5*	**f.** *13 × 7 + 5*	**h.** *60 : 5 × 4*

Vérifier vos résultats à l'aide d'une calculatrice.

Réponses

a. On commence par le calcul entre parenthèses 8 + 2 = 10, puis on soustrait 10 à 27. On obtient 17.
b. On peut être tenté d'effectuer 9 + 1 = 10 et de soustraire 10 à 37, mais le résultat, 27, est faux. Il faut effectuer les calculs de gauche à droite : on commence par 37 – 9 = 28, puis on ajoute 1 à 28. On obtient donc 29.
c. On peut être tenté d'effectuer 21 – 1 = 20 et de soustraire 20 à 30, mais le résultat, 10, est faux. Il faut effectuer les calculs de gauche à droite : on commence par 30 – 21 = 9 et on soustrait 1 à 9. On obtient donc 8.
d. On peut être tenté d'effectuer 13 + 7 = 20 et de multiplier 20 par 5, mais le résultat, 100, est faux. Il faut commencer par effectuer le produit 7 × 5 = 35, puis ajouter 13 à 35, on obtient donc 48.
e. On commence par le calcul entre parenthèses 13 + 7 = 20, puis on multiplie 20 par 5, on obtient donc 100.
f. On commence par 13 × 7 = 91, puis on ajoute 5 à 91. On obtient donc 96.
g. On peut être tenté d'effectuer 32 + 8 = 40 et de diviser 40 par 4, mais le résultat, 10, est faux. Il faut commencer par effectuer la division 8 : 4 = 2, puis ajouter 2 à 32, on obtient donc 34.
h. On peut être tenté d'effectuer 5 × 4 = 20 et de diviser 60 par 20, mais le résultat, 3, est faux. Il faut effectuer les calculs de gauche à droite : on commence par 60 : 5 = 12 et on multiplie 12 par 4. On obtient donc 48.

Propriétés et conventions

- **Dans une suite de calculs contenant des parenthèses,** on commence par effectuer les calculs entre parenthèses.
- **Dans une suite de calculs contenant des additions, soustractions, multiplications, divisions et puissances,** on commence par effectuer les puissances, puis les multiplications et divisions et enfin les additions et soustractions.
- **Dans une suite de calculs ne contenant que des additions et des soustractions,** on effectue les calculs de gauche à droite.
- **Dans une suite de calculs ne contenant que des multiplications et des divisions,** on effectue les calculs de gauche à droite.

Conséquence Dans certains calculs en ligne, les parenthèses ne sont pas toujours nécessaires.

Exemple : Les parenthèses sont inutiles dans les calculs $5 + (3 \times 4)$ ou $(6 \times 4) + 2$

EXERCICE D'APPLICATION

Calculer mentalement.

a. $12 - 2 + 24 - 3$
b. $5 \times (12 + 8)$
c. $12 + 8 \times 5$
d. $(12 - 2) \times 8$
e. $24 : 4 \times 2$
f. $5 \times 2^3 + 5$
g. $22 - 15 + 5$

Corrigé commenté :

a. 31 b. 100 c. 52 d. 80 e. 12 f. 45 g. 12

→ EXERCICES 16 à 19 p. 118

S'ENTRAINER

Déterminer le quotient et le reste d'une division euclidienne

1 On sait que 2 194 = 125 × 17 + 69.
Sans poser d'opération, trouver le quotient et le reste de ces divisions euclidiennes.
a. 2 194 divisé par 125 b. 2 194 divisé par 17

2 On sait que 7 581 = 257 × 29 + 128.
Sans poser d'opération, trouver le quotient et le reste de ces divisions euclidiennes.
a. 7 581 divisé par 257 b. 7 581 divisé par 29

3 **Déterminer le nombre de chiffres du quotient de la division euclidienne de 358 756 par 28.**

4 On sait que : 19 × 200 = 3 800 19 × 40 = 760 19 × 3 = 57
En déduire le quotient et le reste de la division euclidienne de 4 624 par 19, en effectuant uniquement des additions et des soustractions.

Résoudre des problèmes avec des nombres entiers

5 *Les schémas ne sont pas en vraie grandeur.*
Dans les questions a. et b., avant d'être déchirées, les feuilles étaient rectangulaires et totalement quadrillées.

a. **Schéma 1 : Sur la feuille entière, combien y avait-il de carrés de 1 cm de côté ?**

b. **Schéma 2 :** Sur la feuille entière, il y avait au total, 486 carrés de 1 cm de côté.
Combien de carrés de 1 cm y avait-il sur la longueur ?

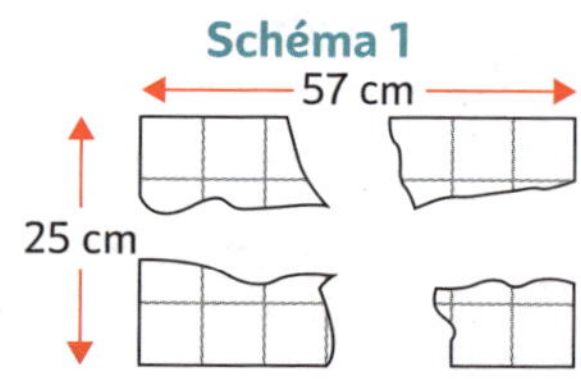

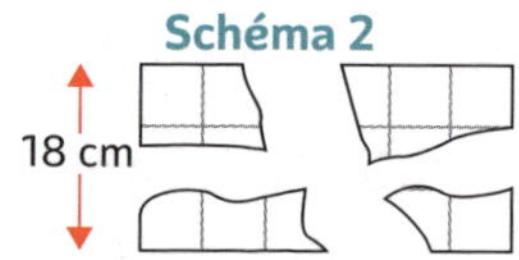

6 Richard a trois pantalons et quatre chemises.
De combien de façons différentes peut-il s'habiller ?

7 Sur une carte de restaurant, on propose quatre entrées, quatre plats et un certain nombre de desserts.
Il y a, au total, 32 menus (entrée, plat, dessert) différents.
Combien cette carte propose-t-elle de desserts ?

8 Dans un restaurant scolaire, il y a 157 élèves. Pour le dessert, on propose, à chaque élève, un gâteau. Ces gâteaux se vendent par paquet de 12.
Combien de paquets ont été commandés ?

Effectuer des divisions

9 **Parmi ces divisions, quelles sont celles qui donneront le même résultat que 2,347 : 0,5 ?**
23,47 : 0,05 2 347 : 500 23,47 : 5 0,2347 : 0,005

10 On sait que 84,48 : 3,2 = 26,4.
Déterminer, sans poser d'opération, les quotients de ces divisions.

a. 8 448 : 320
b. 84,48 : 32
c. 8,448 : 32
d. 844,8 : 32
e. 0,8448 : 32

11 a. Dans un tasseau de 250 cm de long, on veut couper des morceaux de 8 cm. **Combien de morceaux peut-on couper ?**

b. On partage une ficelle de 250 cm en 8 morceaux de même longueur.
Quelle est la longueur de chaque morceau ?

c. On souhaite couper une ficelle de 250 cm de long en morceaux de 50 cm.
Combien faudra-t-il donner de coups de ciseau ?

d. Un agriculteur place des piquets tout au long d'un chemin de 240 m de long. Il plante les piquets à chaque extrémité et tous les 20 m.
Combien de piquets lui faut-il ?

e. Le jardin de Mr. Dupont correspond à une surface dont le périmètre est de 56 m. Il souhaite installer un grillage autour de son jardin.
Pour cela, il doit planter des piquets tous les 1,75 m.
Combien doit-il prévoir de piquets ?

12 **Calculer.**

a. 13 : 33 b. 4,48 : 0,28 c. 9,35 : 2,5

Effectuer des divisions de fractions

13 **Déterminer l'inverse de ces nombres.**

a. $\frac{12}{15}$ b. 5 c. $\frac{1}{15}$ d. l'inverse de $\frac{5}{16}$

14 **Calculer. Donner les résultats sous forme de fractions irréductibles.**

a. $\frac{3}{15} : \frac{6}{30}$ b. $\frac{6}{17} : 12$ c. $12 : \frac{6}{17}$ d. $\dfrac{\frac{5}{18}}{\frac{15}{12}}$ e. $\dfrac{5}{\frac{3}{10}}$ f. $\dfrac{\frac{5}{3}}{10}$

Résoudre des problèmes avec des fractions

15 a. On verse 30 L dans des bouteilles de $\frac{3}{4}$ de litres.
Combien peut-on remplir de bouteilles ?

b. Etienne a regardé, pendant $\frac{1}{2}$ h, un reportage qui a duré $\frac{3}{4}$ d'heure.

Quelle fraction de ce reportage a-t-il regardé ?

c. La musique occupe les $\frac{3}{5}$ de la mémoire de mon lecteur MP3.

Les chansons françaises représentent les $\frac{2}{3}$ de la musique.

Quelle fraction de la mémoire de mon MP3 occupent les chansons françaises ?

d. Stéphanie a enregistré des capsules vidéos de $\frac{1}{3}$ d'heure.

Au total, elle a enregistré 3 h. **Combien a-t-elle enregistré de capsules vidéos ?**

e. On distribue équitablement $\frac{3}{4}$ d'un jeu de cartes à 4 joueurs.

Quelle fraction du jeu reçoit chaque joueur ?

Effectuer des calculs en ligne en respectant les règles de priorité

16 **Supprimer les parenthèses inutiles.**

a. $(15 - 7) \times 3$ b. $(5 \times 3) + 6$ c. $5 + (4 \times 5)$ d. $(6 \times 3) + (8 \times 2) + 2 \times (4 + 5)$

17 **Calculer.**

a. $22 - 2 \times 7$ c. $(12 - 5) \times 8 + 2$ e. $2 \times 6 \times 4$
b. $5 \times 12 + 8$ d. $12 - 8 + 2$ f. $8 + 2 \times (6 - 4)$

18 **Calculer.**

a. $5 + 3^2$ b. 5×2^2 c. $(5 \times 2)^2$ d. $4 + 3 \times 2^3$ e. $2^3 \times 4 + 6 \times 3^2$

19 **Calculer. Donner le résultat sous forme d'une fraction irréductible.**

a. $\frac{5}{3} + \frac{2}{3} \times \frac{3}{4}$ c. $\dfrac{\frac{3}{5} \times \frac{10}{9}}{\frac{3}{7} + \frac{5}{21}}$ e. $\frac{3}{4} : \frac{6}{12} \times \frac{4}{15}$ g. $\left(\frac{3}{7} - \frac{2}{7}\right) \times \frac{5}{6} + \frac{7}{6}$

b. $\left(\frac{3}{4} + \frac{5}{6}\right) \times \frac{2}{3} + \frac{5}{3}$ d. $\frac{12}{11} - \frac{2}{11} : \frac{5}{22}$ f. $5 + 2 : \frac{3}{4}$

CORRIGÉS

1 a. $69 < 125$, donc le quotient est 17 et il reste 69.

b. $69 > 17$, donc le quotient de 2 194 par 17 n'est pas 125.
Il faut donc transformer l'égalité :
$2\,194 = 125 \times 17 + 69$
$2\,194 = 125 \times 17 + 17 \times 4 + 1$ (car $69 = 17 \times 4 + 1$)
$2\,194 = (125 + 4) \times 17 + 1$
$2\,194 = 129 \times 17 + 1$
Or $1 < 17$, donc le quotient est 129 et il reste 1.

2 a. $128 < 257$, donc le quotient est 29 et il reste 128.

b. $128 > 29$, donc le quotient de 7 581 par 29 n'est pas 257.
Il faut transformer l'égalité :
$7\,581 = 257 \times 29 + 128$
$7\,581 = 257 \times 29 + 29 \times 4 + 12$ (car $128 = 29 \times 4 + 12$)
$7\,581 = 29 \times (257 + 4) + 12$
$7\,581 = 29 \times 261 + 12$
Or $12 < 29$, donc le quotient est 261 et il reste 12.

3 $28 \times 10^4 < 358\,756 < 28 \times 10^5$
Donc $10^4 \leq q < 10^5 - 1$, donc $10\,000 < q < 99\,999$, donc q a 5 chiffres.

4 $3\,800 + 760 + 57 = 4\,617$
$4\,624 - 4\,617 = 7$
Donc $4\,624 = \underbrace{3\,800}_{} + \underbrace{760}_{} + \underbrace{57}_{} + 7$
$4\,624 = 19 \times 200 + 19 \times 40 + 19 \times 3 + 7$
$4\,624 = 19 \times (200 + 40 + 3) + 7$ (*Propriété de la distributivité de la multiplication par rapport à l'addition.*)
$4\,624 = 19 \times 243 + 7$
Donc le quotient est 243 et il reste 7.

5 a. $25 \times 57 = 1\,425$. Il y a 1 425 carrés de 1 cm de côté.

b. $486 : 18 = 27$. Il y a 27 carrés de 1 cm de côté sur la longueur.

6 Richard peut s'habiller de $4 \times 3 = 12$ façons différentes.

7 Soit d le nombre de desserts. Le nombre de menus est donc de $4 \times 4 \times d = 16d$.
Or $32 = 16d$, donc $d = 2$. Il y a deux desserts possibles.

8 Le quotient de la division euclidienne de 157 par 12 est 13 et il reste 1.
Il faut donc commander 14 paquets pour donner un gâteau à chaque élève.

9 **2 347 : 500**, car on a multiplié les deux termes de la division de départ par 1 000.
23,47 : 5, car on a multiplié les deux termes de la division de départ par 10.

10 **a.** On a multiplié les deux termes de la division de départ par 100, on obtient donc le même résultat, c'est-à-dire 26,4.

b. On a multiplié le diviseur par 10, donc le quotient est divisé par 10.
On obtient donc 2,64.

c. $8{,}448 : 32 = \dfrac{\left(\dfrac{84{,}48}{10}\right)}{(3{,}2 \times 10)} = \left(\dfrac{84{,}48}{10}\right) \times \left(\dfrac{1}{(3{,}2 \times 10)}\right)$

$8{,}448 : 32 = 84{,}48 \times \dfrac{1}{10} \times \dfrac{1}{3{,}2 \times 10}$

$8{,}448 : 32 = \dfrac{84{,}48}{3{,}2} \times \dfrac{1}{100} = \dfrac{26{,}4}{100} = 0{,}264$

d. On a multiplié les deux termes de la division de départ par 10, on obtient donc le même résultat, 26,4.

e. On a divisé le dividende par 100 et multiplié le diviseur par 10, donc le résultat est divisé par 1 000. On obtient donc 0,0264.

11 **a.** Le quotient de la division euclidienne de 250 par 8 est 31 et il reste 2.
On peut donc couper 31 morceaux.

b. 250 : 8 = 31,25, donc chaque morceau mesure 31,25 cm.
À noter que le 5 représente le chiffre des dixièmes de mm. La précision de la mesure n'est pas pertinente par rapport au contexte.
En mécanique de précision, cette précision est correcte.

c. 250 : 50 = 5. Mais attention, 4 coups de ciseau suffisent.

d. Le quotient de la division euclidienne de 240 par 20 est 12.
Mais attention, il y a un piquet à chaque extrémité, il faut donc 13 piquets.

e. Le contour étant fermé, il y a autant d'intervalles que de piquets.
56 : 1,75 = 32. Il lui faut donc prévoir : 32 piquets.

12 **a.** $0{,}\overline{39}$ **b.** 16 **c.** 3,74

13 **a.** $\dfrac{15}{12}$ **b.** $\dfrac{1}{5}$ **c.** 15 **d.** $\dfrac{5}{16}$

14 a. $\frac{3}{15} : \frac{6}{30} = \frac{3}{15} \times \frac{30}{6} = 1$

b. $\frac{6}{17} : 12 = \frac{6}{17} \times \frac{1}{12} = \frac{1}{34}$

c. $12 : \frac{6}{17} = 12 \times \frac{17}{6} = 34$

d. $\dfrac{\frac{5}{18}}{\frac{15}{12}} = \frac{5}{18} \times \frac{12}{15} = \frac{5 \times 12}{18 \times 15} = \frac{5 \times 6 \times 2}{6 \times 3 \times 5 \times 3} = \frac{2}{9}$

e. $\dfrac{5}{\frac{3}{10}} = 5 \times \frac{10}{3} = \frac{50}{3}$

f. $\dfrac{\frac{5}{3}}{10} = \frac{5}{3} \times \frac{1}{10} = \frac{1}{6}$

15 a. $30 : \frac{3}{4} = 30 \times \frac{4}{3} = 40$. On peut donc remplir 40 bouteilles.

b. $\frac{1}{2} : \frac{3}{4} = \frac{1}{2} \times \frac{4}{3} = \frac{2}{3}$. Il a regardé les $\frac{2}{3}$ de ce reportage.

c. $\frac{2}{3} \times \frac{3}{5} = \frac{2}{5}$. Les chansons françaises occupent $\frac{2}{5}$ de la mémoire de mon MP3.

d. $3 : \frac{1}{3} = 3 \times 3 = 9$. Elle a enregistré 9 capsules.

Remarque : On peut évidemment trouver ce résultat en transformant $\frac{1}{3}$ h et 3 h en minutes :

$\frac{1}{3}$ h = 20 min et 3 h = 180 min.

e. $\frac{3}{4} : 4 = \frac{3}{4} \times \frac{1}{4} = \frac{3}{16}$. Chaque joueur reçoit $\frac{3}{16}$ de ce jeu de cartes.

16 a. pas de parenthèses inutiles.

b. $5 \times 3 + 6$

c. $5 + 4 \times 5$

d. $6 \times 3 + 8 \times 2 + 2 \times (4 + 5)$

17 a. $22 - 2 \times 7 = 22 - 14 = 8$

b. $5 \times 12 + 8 = 60 + 8 = 68$

c. $(12 - 5) \times 8 + 2 = 7 \times 8 + 2 = 56 + 2 = 58$

d. $12 - 8 + 2 = 4 + 2 = 6$

e. $2 \times 6 \times 4 = 48$

f. $8 + 2 \times (6 - 4) = 8 + 2 \times 2 = 8 + 4 = 12$

18 a. $5 + 3^2 = 5 + 9 = 14$

b. $5 \times 2^2 = 5 \times 4 = 20$

c. $(5 \times 2)^2 = 10^2 = 100$

d. $4 + 3 \times 2^3 = 4 + 3 \times 8 = 4 + 24 = 28$

e. $2^3 \times 4 + 6 \times 3^2 = 8 \times 4 + 6 \times 9 = 32 + 54 = 86$

19 a. $\frac{5}{3} + \frac{2 \times 3}{3 \times 4} = \frac{5}{3} + \frac{2}{4} = \frac{5}{3} + \frac{1}{2} = \frac{10}{6} + \frac{3}{6} = \frac{13}{6}$

b. $\left(\frac{9}{12} + \frac{10}{12}\right) \times \frac{2}{3} + \frac{5}{3} = \frac{19}{12} \times \frac{2}{3} + \frac{5}{3} = \frac{19 \times 2}{6 \times 2 \times 3} + \frac{5}{3} = \frac{19}{18} + \frac{30}{18} = \frac{49}{18}$

c. $\dfrac{\frac{3}{5} \times \frac{10}{9}}{\frac{3}{7} + \frac{5}{21}} = \dfrac{\frac{3 \times 2 \times 5}{5 \times 3 \times 3}}{\frac{9}{21} + \frac{5}{21}} = \dfrac{\frac{2}{3}}{\frac{14}{21}} = \frac{2}{3} \times \frac{21}{14} = \frac{2 \times 3 \times 7}{3 \times 2 \times 7} = 1$

d. $\frac{12}{11} - \frac{2}{11} : \frac{5}{22} = \frac{12}{11} - \frac{2}{11} \times \frac{22}{5} = \frac{12}{11} - \frac{2 \times 11 \times 2}{11 \times 5} = \frac{12}{11} - \frac{4}{5} = \frac{60}{55} - \frac{44}{55} = \frac{16}{55}$

e. $\frac{3}{4} : \frac{6}{12} \times \frac{4}{15} = \frac{3}{4} \times \frac{12}{6} \times \frac{4}{15} = \frac{3 \times 12 \times 4}{4 \times 6 \times 15} = \frac{3 \times 3 \times 4 \times 4}{4 \times 3 \times 2 \times 3 \times 5} = \frac{4}{10} = \frac{2}{5}$

f. $5 + 2 : \frac{3}{4} = 5 + 2 \times \frac{4}{3} = 5 + \frac{8}{3} = \frac{15}{3} + \frac{8}{3} = \frac{23}{3}$

g. $\left(\frac{3}{7} - \frac{2}{7}\right) \times \frac{5}{6} + \frac{7}{6} = \frac{1}{7} \times \frac{5}{6} + \frac{7}{6} = \frac{5}{42} + \frac{7}{6} = \frac{5}{42} + \frac{49}{42} = \frac{54}{42} = \frac{9}{7}$

CHAPITRE 6

La proportionnalité Les pourcentages

- *Qu'est-ce que la proportionnalité ?*
- *Comment savoir si deux grandeurs sont proportionnelles ?*
- *Comment résoudre des problèmes de proportionnalité ?*
- *Pourquoi les pourcentages ?*
- *Quels types d'exercices de pourcentage faut-il savoir résoudre ?*

→ FICHE SYNTHÈSE 6

COMPRENDRE

1 Qu'est-ce que la proportionnalité ?

A Vers une définition

Pour démarrer **1)** ***Répondre, si possible, aux questions suivantes :***

a. *On dispose de bandes cartonnées, toutes de même longueur.*
Si on place 4 bandes l'une à la suite de l'autre, on obtient une bande de 12,8 cm.
Quelle sera la longueur de la bande obtenue en plaçant 10 de ces bandes l'une à la suite de l'autre ?

b. *Pour réaliser un gâteau pour 7 personnes, il faut 210 g de farine.*
Quelle masse de farine faut-il pour réaliser un gâteau identique pour 9 personnes ?

c. *À la boulangerie, 3 croissants coutent 4,50 € et 5 croissants 7,50 €.*
Il y a un seul type de croissant. ***Quel est le prix de 8 croissants ?***

d. *Au marché, 5 kg d'oranges coutent 6 €.*
Combien coutent 20 kg de ces oranges ?

e. *Dans un récipient en verre, 250 cL d'eau arrive à 6 cm de hauteur.*
À quelle hauteur arrivera 125 cL d'eau ?

f. *Léane a 8 ans et sa mère a 30 ans.*
Quel âge aura sa mère quand Léane aura 16 ans ?

g. *Estelle a 8 ans et pèse 18 kg.* ***Combien pèsera-t-elle à 16 ans ?***

2) ***Dans chaque cas, identifier les grandeurs en jeu et préciser s'il y a proportionnalité entre ces deux grandeurs. Justifier la réponse.***

3) ***Trouver le plus de méthodes possibles pour résoudre a.***

Réponses

1) a. On calcule la longueur d'une bande : 12,8 cm : 4 = 3,2 cm.

On multiplie ensuite cette longueur par 10 pour obtenir la longueur de 10 bandes : 3,2 cm × 10 = 32 cm.

b. Pour que le gâteau ait le même gout, il faut garder la proportion de masse de farine par rapport au nombre de personnes : $\frac{210}{7} = \frac{?}{9}$

Donc $30 = \frac{?}{9}$, donc la masse de farine en g est : 30 g × 9 = 270 g.

c. 8 croissants, c'est égal à la somme de 3 croissants et de 5 croissants, donc le prix de 8 croissants est égal à la somme des prix de 3 et de 5 croissants : 4,50 € + 7,50 € = 12 €.

d. 20 kg, c'est le quadruple de 5 kg, donc le prix de 20 kg d'oranges est quatre fois le prix de 5 kg d'oranges, c'est-à-dire : 4 × 6 € = 24 €.

Mais, on peut aussi, en appui sur sa propre expérience d'achats dans un marché, se dire qu'on devrait pouvoir négocier le prix, car on achète une quantité importante d'oranges. On devrait donc arriver à payer moins de 24 €.

e. On ne peut pas répondre, car cela dépend de la forme du récipient :
Si c'est un cylindre, la hauteur sera de 3 cm, car 125 cL est la moitié de 250 cL. Par contre, si c'est un cône (cf. dessin) la hauteur sera supérieure à 3 cm.

f. 16 ans est le double de 8 ans, mais cela ne signifie pas que la mère de Léane aura 30 ans × 2 = 60 ans !

En réalité, la différence entre l'âge d'Estelle et de sa mère est constante.
Elle est de 30 ans – 8 ans = 22 ans.
Donc quand Estelle aura 16 ans, sa mère aura : 16 ans + 22 ans = 38 ans.

g. On ne peut évidemment pas répondre.

2)

Questions	Grandeurs	Proportionnalité ou non
a.	Nombre de bandes et longueur de la série de bandes	Oui, car toutes les bandes ont la même longueur. On peut donc obtenir la longueur d'une série de bande en multipliant la longueur d'une bande par le nombre de bandes.
b.	Nombre de personnes et masse de farine	Oui, car la proportion masse de farine/ nombre de personnes est constante pour conserver le gout.

Questions	Grandeurs	Proportionnalité ou non
c.	Nombre de croissants et prix des croissants	Oui, car il y a un seul type de croissant. On peut donc obtenir le prix des croissants en multipliant le prix d'un croissant par le nombre de croissants.
d.	Masse d'oranges et prix des oranges	Oui, généralement en supermarché, non au marché. Au marché, on peut négocier une réduction et, dans ce cas, on n'obtient pas le prix des oranges en multipliant le prix d'un kilo par le nombre de kilos.
e.	Volume d'eau et hauteur d'eau	Cela dépend de la forme du vase.
f.	Âge de Léane et âge de sa mère	Non, car si l'âge de Léane est doublé, celui de sa mère n'est pas doublé.
g.	Âge d'Estelle et poids d'Estelle	Non, car si on double l'âge d'Estelle, on ne double que rarement son poids.

! Le fait que les grandeurs augmentent ensemble (ou diminuent ensemble) ne prouve pas qu'elles sont proportionnelles. L'âge d'Estelle et l'âge de sa mère varient dans le même sens et, pourtant, on a vu que ces âges ne sont pas proportionnels.

3) **Méthode 1 :** On calcule la longueur d'une bande : 12,8 cm : 4 = 3,2 cm.
On calcule ensuite la longueur de 10 bandes : 3,2 cm × 10 = 32 cm
On a utilisé ce qu'on appelle « le retour à l'unité ».

Méthode 2 : On peut constater que 10 bandes, c'est 2,5 fois plus que 4 bandes. Donc la longueur de 10 bandes s'obtient en multipliant la longueur de 4 bandes par 2,5 : 12,8 cm × 2,5 = 32 cm
On a appliqué la propriété multiplicative de la linéarité.

Méthode 3 : On calcule la longueur de deux bandes en constatant que c'est 2 fois moins que la longueur de 4 bandes. On obtient 12,8 cm : 2 = 6,4 cm.
On a appliqué la propriété multiplicative de la linéarité.
On constate que 10 bandes = 4 bandes + 4 bandes + 2 bandes
Donc la longueur de 10 bandes s'obtient en additionnant deux fois la longueur de 4 bandes et une fois la longueur de 2 bandes :
12, 8 cm + 12,8 cm + 6,4 cm = 32 cm
On a utilisé la propriété additive de la linéarité.

Méthode 4 : On cherche le coefficient de proportionnalité.

Pour cela, on peut établir le tableau ci-contre : Pour trouver ce coefficient, on calcule ensuite le nombre qui permet de passer des nombres du haut aux nombres du bas. Ici, ce nombre est égal à 12,8 : 4 = 3,2. Donc le nombre correspondant à 10 est égal à 10 × 3,2 = 32.

Nombre de bandes	4	10
Longueur de la bande (en cm)	12,8	

Méthode 5 : On utilise la propriété des proportions : $\frac{4}{12,8} = \frac{10}{?}$ donc 4 × ? = 10 × 12,8, donc ? = 128 : 4 = 32.

Définition **Deux grandeurs sont proportionnelles** si le rapport de deux valeurs correspondantes de ces grandeurs est constant[1] :

$$\frac{x'}{x} = \frac{y'}{y} = \frac{z'}{z} = \frac{t'}{t}$$

Valeurs de la grandeur 1	x	y	z	t
Valeurs de la grandeur 2	x'	y'	z'	t'

Ce rapport constant est appelé **coefficient (ou rapport) de proportionnalité.**

Le tableau présentant des valeurs de grandeurs proportionnelles est appelé **tableau de proportionnalité**.

Remarque : Il n'y a pas proportionnalité entre l'âge de Léane et l'âge de sa mère (cf. **f.** p. 124). On peut le prouver en construisant un tableau de valeurs :

$\frac{30}{8} = \frac{15}{4}$ et $\frac{33}{11} = 3$

Âge de Léane	8	11
Âge de sa mère	30	33

On constate que les rapports ne sont pas égaux.

Propriété **Dans le cas d'un tableau de proportionnalité 2 × 2 :**

d'après la définition de la proportionnalité, on a $\frac{x'}{x} = \frac{y'}{y}$, donc, d'après la propriété des produits croisés, on a : $x'y = xy'$

Grandeur 1	x	y
Grandeur 2	x'	y'

1. Ces rapports sont appelés des proportions, d'où le terme « proportionnalité ».

EXERCICE D'APPLICATION

Compléter ce tableau de proportionnalité :

Grandeur 1	5	x
Grandeur 2	12	15

Corrigé commenté :

D'après la propriété des produits croisés, on a :

$5 \times 15 = x \times 12$, donc $x = 5 \times \frac{15}{12} = \frac{75}{12} = 6{,}25$

Remarque : Cette méthode n'est pas enseignée au cycle 3.

→ EXERCICE 1 p. 146

B Propriétés des grandeurs proportionnelles

Propriété 1 Si on peut calculer les valeurs d'une grandeur en multipliant (ou en divisant) les valeurs de l'autre par un nombre, toujours le même, alors **les deux grandeurs sont proportionnelles**.

Valeurs de la grandeur 1	x	y	z	t
Valeurs de la grandeur 2	x'	y'	z'	t'

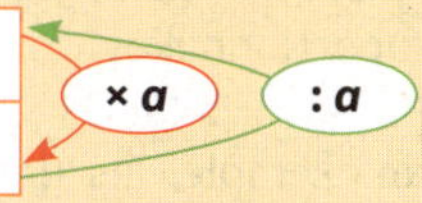

Réciproquement Si deux grandeurs sont proportionnelles, alors on peut calculer les valeurs de l'une en multipliant (ou en divisant) les valeurs correspondantes de l'autre par un même coefficient.

Justification : Si deux grandeurs sont proportionnelles, alors, d'après la définition p. 126, on a : $\frac{x'}{x} = \frac{y'}{y} = \frac{z'}{z} = \frac{t'}{t}$

On appelle a ce rapport, donc $x' = ax$; $y' = ay$; ...

Réciproquement : Si on sait que $x' = ax$; $y' = ay$; $z' = az$; $t' = at$,

alors $\frac{x'}{x} = \frac{y'}{y} = \frac{z'}{z} = \frac{t'}{t} = a$

Propriété 2

Si les grandeurs ci-contre sont proportionnelles, alors la valeur correspondante à $x + y$ est $x' + y'$.

Cette propriété est appelée **propriété additive de la linéarité.**

	(+)		
Valeurs de la grandeur 1	x	y	$\boldsymbol{x + y}$
Valeurs de la grandeur 2	x'	y'	$\boldsymbol{x' + y'}$
	(+)		

Justification : D'après la propriété 1, il existe un nombre a tel que :
$x' = ax$ et $y' = ay$.
Si on additionne terme à terme ces deux égalités, alors $x' + y' = ax + ay$, or $ax + ay = a(x + y)$, d'après la propriété de la distributivité de la multiplication par rapport à l'addition.
Donc $a(x + y) = x' + y'$. Cela prouve bien que la valeur associée à $x + y$ est $x' + y'$.

Exemple : C'est sur cette propriété qu'on s'est appuyé pour calculer le prix des 8 croissants dans la question **c.** p. 124. On a, en effet, ajouté le prix de 5 croissants et de 3 croissants.

Remarque : Cette propriété permet de justifier que deux grandeurs ne sont pas proportionnelles.

Par exemple, les grandeurs ci-contre ne sont pas proportionnelles, car $9 = 6 + 3$, mais $15{,}2 \neq 5{,}4 + 10{,}8$.

Grandeurs 1	3	6	9
Grandeurs 2	5,4	10,8	15,2

Propriété 3

Si les grandeurs ci-contre sont proportionnelles, alors la valeur correspondante à kx (où k est un nombre réel) est kx'.

Cette propriété est appelée **propriété multiplicative de la linéarité.**
k est appelé **rapport de linéarité.**

	($\times k$)	
Valeurs de la grandeur 1	x	$\boldsymbol{kx}$
Valeurs de la grandeur 2	x'	$\boldsymbol{kx'}$
	($\times k$)	

Justification : Soit a le coefficient de proportionnalité qui permet de passer des valeurs de la grandeur 1 à celles de la grandeur 2, donc $x' = ax$
On multiplie les deux membres de cette égalité par k, on obtient : $kx' = k \times (ax)$, or $k \times (ax) = a \times (kx)$ d'après les propriétés de la commutativité et de l'associativité de la multiplication des nombres réels. Donc $a \times (kx) = kx'$. Cela prouve bien que la valeur associée à kx est kx'.

❗ Ne pas confondre « rapport de linéarité » qui lie deux valeurs de la même grandeur (qui varie) et « coefficient de proportionnalité » qui lie deux valeurs correspondantes des deux grandeurs (qui est constant).

Exemple : C'est sur cette propriété qu'on s'est appuyé pour calculer le prix des 20 kg d'oranges (cf. question **d.** p. 124) dans le cas où l'on achète ces oranges dans un supermarché.

Remarque : Cette propriété permet de justifier que deux grandeurs ne sont pas proportionnelles.

Par exemple, les grandeurs ci-contre ne sont pas proportionnelles, car $6 = 3 \times 2$ et $10 \neq 5{,}4 \times 2$

Grandeur 1	3	6
Grandeur 2	5,4	10

▪ EXERCICE D'APPLICATION

Sans poser d'opération ni utiliser la calculatrice, compléter ces tableaux de proportionnalité. Indiquer la propriété utilisée.

a.

Grandeur 1	12	7
Grandeur 2	36	

b.

Grandeur 1	7	35
Grandeur 2	13	

c.

Grandeur 1	38	11
Grandeur 2	19	

d.

Grandeur 1	11	3	14
Grandeur 2	24,75	6,75	

Corrigé commenté :

a. On peut facilement trouver le coefficient de proportionnalité : « × 3 ».

Grandeur 1	12	7
Grandeur 2	36	21

× 3

b. On peut facilement calculer le rapport de linéarité entre 7 et 35 : « × 5 ».
La propriété multiplicative de la linéarité permet de conclure.

(× 5)

Grandeur 1	7	35
Grandeur 2	13	65

c. On peut facilement calculer le coefficient de proportionnalité : « : 2 ».

Grandeur 1	38	11
Grandeur 2	19	5,5

(: 2)

d. La propriété additive de la linéarité permet de conclure.

(+)

Grandeur 1	11	3	14
Grandeur 2	24,75	6,75	24,75 + 6,75 = 31,5

(+)

→ EXERCICES 2 et 3 p. 146

2 Comment savoir si deux grandeurs sont proportionnelles ?

A Les grandeurs sont présentées sous forme de deux suites

Pour prouver qu'un tableau est un tableau de proportionnalité, il suffit de déterminer s'il existe un coefficient multiplicatif (ou divisif) qui permet de passer des valeurs d'une ligne aux valeurs correspondantes de l'autre ligne. Dans le cas particulier d'un tableau 2 × 2, on peut également montrer que la propriété des produits croisés, ou la propriété multiplicative de la linéarité, est vérifiée.

Remarque : **Pour prouver qu'un tableau n'est pas un tableau de proportionnalité, on peut montrer que :**

- il n'y a pas de coefficient qui permet de passer des valeurs d'une ligne aux valeurs de l'autre ;

- sur 2 couples de nombres associés, la propriété des rapports égaux (donc des produits croisés) n'est pas vérifiée ;
- les propriétés additives et/ou multiplicatives de la linéarité ne sont pas vérifiées.

EXERCICES D'APPLICATION

1 **Ces tableaux sont-ils des tableaux de proportionnalité ?**

a.

Grandeur 1	6	27	5	15
Grandeur 2	2	9	$\frac{5}{3}$	5

b.

Grandeur 1	12	15
Grandeur 2	5,6	7

Corrigé commenté :

a. C'est un tableau de proportionnalité, car on passe de la ligne du haut à la ligne du bas en divisant chaque valeur par 3.

b. C'est un tableau de proportionnalité, car $\frac{12}{5{,}6} = \frac{15}{7}$, en effet $12 \times 7 = 15 \times 5{,}6$.

2 **Ces tableaux sont-ils des tableaux de proportionnalité ?**

a.

Grandeur 1	6	5	12	13
Grandeur 2	30	25	60	55

c.

Grandeur 1	5	7	12
Grandeur 2	7,5	10,5	17

b.

Grandeur 1	27	9
Grandeur 2	14	5

Corrigé commenté :

a. Ce n'est pas un tableau de proportionnalité, car on passe de la ligne du haut à la ligne du bas en multipliant chaque valeur par 5 sauf pour le dernier nombre : $13 \times 5 \neq 55$

b. Ce n'est pas un tableau de proportionnalité, car la propriété multiplicative de la linéarité n'est pas vérifiée : 27 : 3 = 9 et 14 : 3 ≠ 5. On peut aussi le prouver en mettant en évidence que la propriété des rapports égaux (donc la proprieté des produits croisés) n'est pas vérifiée : 27 × 5 = 135 et 14 × 9 = 126.

c. Ce n'est pas un tableau de proportionnalité, car la propriété additive de la linéarité n'est pas vérifiée : 5 + 7 = 12, alors que 7,5 + 10,5 ≠ 17

La vérification de la propriété de linéarité ne prouve pas que le tableau soit un tableau de proportionnalité.
Par exemple, on a bien :
5 + 7 = 12 et 18,5 = 7,5 + 11
et pourtant ce tableau n'est pas un tableau de proportionnalité :
5 × 1,5 = 7,5, mais 7 × 1,5 ≠ 11

Grandeur 1	5	7	12
Grandeur 2	7,5	11	18,5

→ EXERCICES 4 et 5 p. 147

B Les grandeurs sont présentées dans un contexte concret

Il faut distinguer **deux types de grandeurs proportionnelles :**

Celles pour lesquelles la proportionnalité résulte d'une convention sociale.
Exemple : Si on dit que le prix d'objets est proportionnel au nombre d'objets achetés.
Dans ce cas, l'énoncé doit soit donner des indices pour savoir s'il y a proportionnalité ou pas, soit se situer dans un contexte suffisamment familier.

Celles pour lesquelles la proportionnalité est un outil de modélisation.
Exemple : Si on dit que le périmètre du cercle est proportionnel à son rayon.

EXERCICES D'APPLICATION

1 **Dans chaque cas, préciser si les grandeurs sont proportionnelles ou pas.**
a. Le prix des pommes de terre et la masse de pommes de terre dans un supermarché.
b. La quantité d'essence sans plomb 95 en litres et son prix à une station donnée.
c. Le nombre d'euros et de francs suisse que l'on peut changer à un instant donné dans une banque pour des sommes inférieures à 1 000 €.
d. Le prix des aubergines et le nombre d'aubergines.

Corrigé commenté :

a. Le prix d'un kilo de pommes de terre ne varie pas en fonction de la masse achetée. Donc, pour trouver le prix d'une masse donnée de pommes de terre, il suffit de multiplier ce nombre par le prix d'un kilo. Il y a donc proportionnalité entre le prix et la masse de pommes de terre achetée.

b. Socialement, on sait que le prix d'un litre d'essence à une station donnée est toujours le même, quelle que soit la quantité achetée. Il y a donc proportionnalité entre le prix de l'essence et le nombre de litres achetés.

c. Socialement, on sait que dans une banque donnée à un instant donné, les cours garantissent la proportionnalité entre les monnaies dans une fourchette d'argent échangé.

d. Si les aubergines ne sont pas calibrées, il n'y a pas proportionnalité, car les aubergines n'ont pas forcément le même poids.

Remarque : Dans les situations de modélisation, ce sont généralement les formules qui lient les deux grandeurs qui permettent de déduire la proportionnalité ou la non proportionnalité entre ces deux grandeurs.

2 **a. Y a-t-il proportionnalité entre le volume d'eau que l'on met dans un vase cylindrique donné et la hauteur à laquelle arrive ce liquide ?**

b. Y a-t-il proportionnalité entre l'aire d'un carré et son côté ?

Corrigé commenté :

a. Soit V le volume d'eau, r le rayon de la base du vase et h la hauteur du liquide (les unités se correspondent). On sait que $V = \pi r^2 \times h$, or le rayon de la base du vase étant fixé, le produit πr^2 est constant.
Ainsi, le volume est le produit de la hauteur par une constante.
Il y a donc proportionnalité entre le volume d'eau et sa hauteur.

b. Soit A l'aire du carré et c la longueur de son côté (les unités se correspondent). On sait que $A = c \times c$. On constate que A n'est pas égal au produit de la longueur du côté par une constante.
Donc A n'est pas proportionnel à c.

Remarque : On peut aussi prouver la non proportionnalité de A et de c, en constatant que la propriété multiplicative de la linéarité n'est pas vérifiée. Si on double la longueur du côté, l'aire n'est pas doublée, mais elle est multipliée par 4.

→ EXERCICES 6 et 7 p. 147

3 Quels sont les grands types de problèmes de proportionnalité ?

On peut distinguer trois grands types de problèmes de proportionnalité :

- les problèmes de 4e proportionnelle ;
- les problèmes de comparaison de proportions ;
- les problèmes avec des grandeurs « quotients ».

On appelle **grandeurs « quotients »**, des grandeurs définies par le quotient de deux grandeurs proportionnelles. C'est le cas de la vitesse (quotient de la distance du parcours par sa durée), la masse volumique (c'est le quotient de la masse par le volume), les échelles (c'est le quotient de la distance sur la maquette par la distance réelle), les pourcentages (c'est le quotient d'une partie par rapport à un tout),...
Dans cet ouvrage, seul le pourcentage sera étudié[2].

A Les problèmes de 4e proportionnelle

Pour démarrer *On sait que 150 cm de ficelle pèse 90 g. Combien pèse 180 cm de cette ficelle ? Résoudre ce problème en utilisant différentes méthodes.*

Réponse Il y a proportionnalité entre la longueur de ficelle et sa masse.

- **Retour à l'unité :** on cherche la masse de 1 cm de ficelle : 90 : 150 = 0,6 g
La masse de 180 cm de ficelle est donc en g : 180 × 0,6 = 108
- **Utilisation des propriétés additive et multiplicative de la linéarité :**

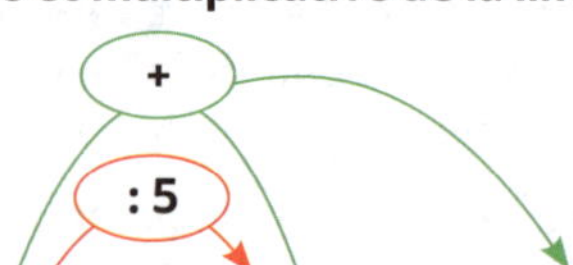

Longueur de la ficelle (en cm)	150	30	150 + 30 = 180
Masse de la ficelle (en g)	90	90 : 5 = 18	90 + 18 = 108

Remarque : Nous présentons cette méthode à partir d'un tableau pour faciliter sa compréhension, mais le tableau n'est pas nécessaire, ceci est aussi vrai pour la méthode suivante.

2. Pour les autres grandeurs « quotients » nous renvoyons à l'ouvrage *Hatier Concours maths Tome 1* p. 187 et suivantes.

Utilisation de la propriété multiplicative de la linéarité :

× 1,2

Longueur de la ficelle (en cm)	150	180
Masse de la ficelle (en g)	90	90 × 1,2 = 108

Détermination du coefficient de proportionnalité en utilisant un tableau de proportionnalité :

Longueur de la ficelle (en cm)	150	180
Masse de la ficelle (en g)	90	180 × 0,6 = 108

$\times \frac{90}{150} = 0,6$

Utilisation de la propriété des rapports égaux en utilisant un tableau de proportionnalité :

Longueur de la ficelle (en cm)	150	180
Masse de la ficelle (en g)	90	x

$\frac{150}{90} = \frac{180}{x}$, donc $150x = 90 \times 180$, donc $x = 90 \times \frac{180}{150} = 108$

Définition **Les problèmes de 4e proportionnelle** sont des problèmes faisant intervenir des grandeurs proportionnelles pour lesquelles on connait trois valeurs et on demande d'en calculer une 4e.

Procédures **Pour résoudre un problème de 4e proportionnelle,** on dispose de différentes procédures :
- Retour à l'unité.
- Utilisation de la propriété additive et de la propriété multiplicative de la linéarité.
- Recherche du coefficient de proportionnalité.
- Utilisation de la propriété des rapports égaux.

EXERCICE D'APPLICATION

On empile 15 jetons tous identiques, on obtient une pile de 36 cm.
Quelle sera la hauteur d'une pile constituée de 20 jetons identiques à ceux-ci ?
Résoudre ce problème en utilisant toutes les méthodes ci-dessus.

Corrigé commenté :

Il y a proportionnalité entre la hauteur de la pile et le nombre de jetons, car les jetons sont tous identiques. On doit trouver chaque fois : 48 cm.

→ EXERCICE 8 p. 148

B Les problèmes de comparaison de proportions

Définition On appelle **proportion**, le quotient entre une partie et un tout ou entre deux parties d'un tout.

Exemples :

- Dans une classe de 28 élèves, 15 font du handball.

Donc la proportion d'élèves qui font du handball dans cette classe est de $\frac{15}{28}$.

- On mélange 3 L de peinture verte et 2 L de peinture blanche.

Donc la proportion de peinture blanche par rapport à la peinture verte est de $\frac{2}{3}$.

On peut remarquer aussi qu'elle est de $\frac{2}{5}$ par rapport à la quantité totale de mélange.

Pour démarrer **a.** *Dans un mélange de 60 L de peinture, il y a $\frac{2}{3}$ de peinture bleue.*
Quel est le volume de peinture bleue dans ce mélange ?
b. *Dans un mélange A de 30 L de peinture, il y a 4 L de peinture verte.*
Dans un mélange B de 30 L de peinture, il y a 5 L de peinture verte.
Quel mélange est le plus vert ?
c. *Dans un mélange A de 30 L de peinture, il y a 4 L de peinture verte.*
Dans un mélange B de 40 L de peinture, il y a 5 L de peinture verte.
Quel mélange est le plus vert ?

Réponses

a. ◗ **Méthode 1 :** $\frac{2}{3} = \frac{40}{60}$, il y a donc 40 L de peinture bleue.

◗ **Méthode 2 :** On calcule les $\frac{2}{3}$ de 60 L : $\frac{2}{3} \times 60\text{ L} = 40\text{ L}$ (Cf. *Chapitre 2* p. 41)

b. On déduit sans difficulté que le mélange B est le plus vert.

c. On peut être tenté de répondre que c'est le mélange qui contient le plus de peinture verte qui est le plus vert, donc le mélange B. Mais, cette réponse ne tient pas compte du fait qu'il y a plus de blanc dans ce mélange, ce qui peut atténuer la couleur verte.

◗ **Méthode 1 :** Elle s'appuie sur la propriété : « *Le mélange le plus vert est celui qui correspond à la plus grande proportion de peinture verte* ».

Dans le mélange A, il y a une proportion de $\frac{4}{30}$ de peinture verte.

Dans le mélange B, il y a une proportion de $\frac{5}{40}$ de peinture verte.

Il s'agit donc de comparer $\frac{4}{30} = \frac{2}{15}$ et $\frac{5}{40} = \frac{1}{8}$.

On dispose de plusieurs méthodes pour comparer ces deux fractions.
On peut, par exemple, les réduire au même dénominateur : 120

$\frac{2}{15} = \frac{16}{120}$ et $\frac{1}{8} = \frac{15}{120}$, donc $\frac{4}{30} > \frac{5}{40}$, donc le mélange le plus vert est le mélange A.

Remarque : Plus simplement, on peut transformer $\frac{1}{8}$ en $\frac{2}{16}$, or $\frac{2}{15} > \frac{2}{16}$ (cf. *Chapitre 2* p. 29), donc $\frac{2}{15} > \frac{1}{8}$.

◗ **Méthode 2 :** Elle s'appuie sur les deux propriétés suivantes :
– « *Si on garde la proportion de vert par rapport à un mélange, alors la couleur de ce mélange ne change pas* ».
– « *Pour des volumes identiques de mélange, le plus vert est celui qui contient le plus de peinture verte* ».
La méthode consiste donc à modifier les volumes d'un (ou des deux) mélange(s) de façon à obtenir le même volume de mélange, évidemment sans changer la couleur du (des) mélange(s).
On peut, par exemple, déterminer des mélanges de 120 L de couleur identique aux mélanges A et B :

Mélange A : pour passer d'un mélange de 30 L à 120 L, on multiplie la quantité par 4, donc pour garder la même couleur, il faut multiplier la quantité de peinture verte par 4 (*propriété multiplicative de la linéarité*). On obtient alors 16 L de peinture verte.

Mélange B : pour passer d'un mélange de 40 L à 120 L, on multiplie la quantité par 3, donc pour garder la même couleur, il faut multiplier la quantité de peinture verte par 3. On obtient alors 15 L de peinture verte.
En conclusion, c'est le mélange A qui est le plus vert (16 L > 15 L).

▪ EXERCICES D'APPLICATION

1 Dans une classe A de 28 élèves, 11 font de la musique.
Dans une classe B de 21 élèves, 8 font de la musique.
Dans quelle classe la proportion d'élèves qui font de la musique est-elle la plus importante ?
Utiliser les deux méthodes ci-dessus.

Corrigé commenté :

▸ **Méthode 1 :** Dans la classe A, la proportion d'élèves faisant de la musique est de $\frac{11}{28}$. Dans la classe B, elle est de $\frac{8}{21}$.
$\frac{11}{28} > 0{,}39$ et $\frac{8}{21} < 0{,}39$, donc $\frac{11}{28} > \frac{8}{21}$
donc c'est dans la classe A que la proportion d'élèves faisant de la musique est la plus grande.

▸ **Méthode 2 :** On cherche un multiple commun à 28 et 21. Cela peut être 28 × 21, mais on peut trouver plus petit en écrivant les 1er multiples non nuls de ces deux nombres :
Multiples de 28 : 28 ; 56 ; 84 ; 112 ; ...
Multiples de 21 : 21 ; 42 ; 63 ; 84 ; ...
84 est un multiple commun de 28 et 21 : 84 = 28 × 3 et 84 = 21 × 4
On imagine un groupe A′ de 84 élèves (28 × 3). Pour obtenir une proportion identique d'élèves faisant de la musique à celle de la classe A, il faut qu'il y ait 11 × 3 = 33 élèves faisant de la musique dans le groupe A′.
On imagine un groupe B′ de 84 élèves (26 × 4). Pour obtenir une proportion identique d'élèves faisant de la musique à celle de la classe B, il faut qu'il y ait 8 × 4 = 32 élèves faisant de la musique dans le groupe B′.
33 > 32, c'est donc dans la classe A que la proportion d'élèves faisant de la musique est la plus grande.

2 Dans un mélange A, on a 3 cL de sirop de fraise et 7 cL d'eau.
Dans un mélange B, on a 5 cL de sirop de fraise et 9 cL d'eau.
Quel mélange a le plus le gout de sirop de fraise ?

Corrigé commenté :

Ici, on ne dispose pas immédiatement du volume total du mélange.
On peut le calculer et appliquer une des deux méthodes ci-dessus :
Mélange A : pour un volume total de 10 cL (3 cL + 7 cL), on a 3 cL de sirop de fraise.
Mélange B : pour un volume total de 14 cL (5 cL + 9 cL), on a 5 cL de sirop de fraise.

La proportion de sirop de fraise dans le mélange A est $\frac{3}{10}$.

La proportion de sirop de fraise dans le mélange B est $\frac{5}{14}$.

$\frac{3}{10} = 0{,}3$ et $\frac{5}{14} > 0{,}35$, donc $\frac{5}{14} > \frac{3}{10}$

C'est donc le mélange B qui a le plus le gout de fraise.

Remarque : On peut aussi comparer les proportions d'une partie du mélange (le volume de sirop de fraise) par rapport à l'autre (le volume d'eau) et appliquer la règle : « *Le mélange dont la proportion de sirop par rapport à l'eau est la plus grande est le mélange qui a le plus le gout de fraise* ».

Proportion de sirop de fraise par rapport à l'eau pour le mélange A : $\frac{3}{7}$

Proportion de sirop de fraise par rapport à l'eau pour le mélange B : $\frac{5}{9}$

Il ne reste plus qu'à comparer $\frac{3}{7}$ et $\frac{5}{9}$.

On peut faire la différence entre ces deux nombres : $\frac{3}{7} - \frac{5}{9} = \frac{-8}{63}$, donc $\frac{5}{9} > \frac{3}{7}$.

C'est donc le mélange B qui a le plus le gout de fraise.

! Il est faux de penser que, si dans un mélange formé de deux constituants, on ajoute la même quantité à chacun de ces deux constituants, le mélange ne change pas. Vous en avez un contre-exemple avec l'exercice ci-dessus : on a vu que les mélanges A et B ne sont pas identiques et pourtant pour passer du mélange A au mélange B, on a ajouté 2 cL de sirop de fraise et 2 cL d'eau.

→ EXERCICES 9 et 10 p. 148

4 Pourquoi les pourcentages ?

A Vers une définition

Pour démarrer *On dispose de trois mélanges de peinture constitués de peinture blanche et de peinture rouge :*

Mélange	A	B	C
Volume total	25 L	50 L	60 L
Volume de peinture rouge	4,5 L	9,5 L	12 L

Quel mélange est le plus rouge ?

Réponse Pour faciliter cette comparaison, on peut se ramener à un volume commun de mélange de 100 L.
Pour cela, on peut utiliser un tableau de proportionnalité :

Mélange A

× 4

Volume total (en L)	25	100
Volume de peinture rouge (en L)	4,5	$4{,}5 \times 4 = 18$

Mélange B

× 2

Volume total (en L)	50	100
Volume de peinture rouge (en L)	9,5	$9{,}5 \times 2 = 19$

Mélange C

Volume total (en L)	60	100
Volume de peinture rouge (en L)	12	$100 \times 0{,}2 = 20$

$\times \dfrac{12}{60} = 0{,}2$

On peut donc conclure que le mélange C est le mélange le plus rouge.

Pour le mélange A, il y a **18 L** de peinture rouge **pour 100 L** de peinture.
On dira qu'il y a « **18 pour cent** » de peinture rouge, noté **18 %.**
De même, pour le mélange B, il y a 19 % de peinture rouge et dans le mélange C, il y a 20 % de peinture rouge.

Remarque : On aurait pu se ramener à un mélange de 60 L par exemple.
On aurait obtenu des « **pour 60** ». Compte tenu que notre système de numération est décimal, c'est plus simple de se ramener à des « pour cent ».

Définition **Un pourcentage** est une proportion entre une partie et un tout. Cette proportion étant exprimée par une fraction dont le dénominateur est 100. Elle est présentée généralement sous la forme d'un nombre décimal suivi du symbole **%** qui se lit « **pour cent** ».

Conséquences $t\% = \frac{t}{100}$, où t est un nombre décimal.

Dire qu'il y a *t* % d'un produit A dans un produit B signifie que :
- il y a proportionnalité entre la quantité[3] de produit A et la quantité de produit B quel que soit l'échantillon du produit B ;
- dans 100 de produit B, il y a t de produit A.

Exemple : Il y a 5,5 % de sucre dans un aliment signifie que quel que soit l'échantillon de cet aliment :
- il y a proportionnalité entre la masse de sucre et la masse d'aliment ;
- il y a 5,5 grammes de sucre pour 100 grammes d'aliment ;
- il y a $\frac{5,5}{100}$ de sucre dans cet aliment.

B Les types d'exercices

1. Appliquer un pourcentage

Pour démarrer *Une boisson à l'orange contient 20 % de jus d'orange. Quel est le volume de jus d'orange dans 150 cL de cette boisson ?*

Réponse
- **Méthode 1 :** Il y a proportionnalité entre le volume de jus d'orange et le volume de boisson. De plus, on sait qu'il y a 20 cL de jus d'orange pour 100 cL de boisson (traduction du pourcentage donné).

3. Cette quantité peut être une masse, un volume, une longueur, un nombre...

On établit un tableau de proportionnalité :

Volume de jus d'orange (en cL)	20	x
Volume de boisson (en cL)	100	150

En utilisant la propriété des rapports égaux, on obtient : $\frac{20}{100} = \frac{x}{150}$

donc $x = \frac{20 \times 150}{100} = 30$

Il y a donc 30 cL de jus d'orange.

Méthode 2 : « Une boisson à l'orange contient 20 % de jus d'orange » signifie qu'il y a $\frac{20}{100}$ de jus d'orange dans la boisson. Il y a donc en cL : $\frac{20}{100} \times 150 = 30$ de jus.

On a appliqué ici le calcul des $\frac{a}{b}$ *d'un nombre c* (cf. **Chapitre 2** p. 41).

Remarque : Cette méthode est plus rapide que la méthode 1, elle est donc à privilégier.

Régle

Calculer t % d'un nombre n revient à calculer $\frac{t}{100} \times n$.

Remarque : Avec une calculatrice, pour appliquer un pourcentage, on peut utiliser la touche « % ».

Par exemple, pour calculer les 15 % de 54, il suffit de taper :

15 % × 54 Entrée (EXE) ou 15 × 54 %

EXERCICE D'APPLICATION

a. Un article coutant 250 € est soldé de 25 %.

Quel est le montant de la réduction ?

b. 52 % des 3 500 candidats ont réussi le concours.

Quel est le nombre de candidats qui ont réussi ?

Corrigé commenté :

a. $\frac{25}{100} \times 250 = 62,50$. Le montant de la réduction est de 62,50 €.

b. $\frac{52}{100} \times 3\,500 = 1820$. Il y a donc 1 820 candidats qui ont réussi ce concours.

→ EXERCICES 11 à 13 p. 148 et 149

2. Calculer la quantité sur laquelle s'applique le pourcentage

Pour démarrer *Lors d'une élection, 22 400 personnes ont voté. Cela représente 64 % des personnes inscrites. Combien de personnes sont inscrites ?*

Réponse Il ne s'agit pas de calculer les 64 % de 22 400 !

▸ **Méthode 1 :** On appelle x le nombre de personnes inscrites.

On a donc $\frac{64}{100} \times x = 22\,400$, donc $x = 22\,400 : \frac{64}{100} = 22\,400 \times \frac{100}{64}$

(cf. *Chapitre 5* p. 112).

Le nombre de personnes inscrites est donc égal à 35 000.

▸ **Méthode 2 :** On peut aussi raisonner sans faire appel à une inconnue :

$\frac{64}{100}$ du nombre de personnes inscrites est égal à 22 400, donc $\frac{1}{100}$ est égal à $22\,400 : 64 = 350$ et $\frac{100}{100}$ correspond à $350 \times 100 = 35\,000$.

On applique ici la 1re méthode développée dans le *chapitre 2* p. 42.

EXERCICE D'APPLICATION

a. Ivan est ravi, car il a obtenu une réduction de $\frac{20}{100}$ lors de l'achat de son pantalon, ce qui correspond à 27 €.

Quel est le prix de son pantalon ?

b. 40 % de la clé USB d'Alicia est libre, cela représente 51,2 Go.

Quelle est la capacité de la clé USB d'Alicia ?

Corrigé commenté :

a. $\frac{20}{100}$ correspondent à 37 €. Donc $\frac{1}{100}$ correspond à 27 € : 20 = 1,35 €.

Donc $\frac{100}{100}$ correspondent à 1,35 € × 100 = 135 €. Le pantalon coute 135 €.

b. Soit x la capacité en Go de la clé USB d'Alicia.

$\frac{40}{100} \times x = 51{,}2$, donc $x = 51{,}2 : \frac{40}{100} = 51{,}2 \times \frac{100}{40} = 128$.

La clé USB d'Alicia a une capacité de 128 Go.

→ EXERCICE 14 p. 149

3. Calculer un pourcentage

Pour démarrer *Au cours de la 1re mi-temps qui a duré 45 min, l'équipe de Lyon a possédé la balle durant 27 min.*
Quel est le pourcentage de la durée de possession de la balle ?

Réponse

Méthode 1 : On cherche la durée de possession de la balle pour 100 min de match en supposant qu'il y a proportionnalité entre la durée de possession de la balle et la durée de jeu :

Durée de possession de la balle (en min)	27	
Durée de jeu (en min)	45	100

$27 \times \dfrac{100}{45} = 60$. Donc le pourcentage de possession de la balle est de 60 %.

Méthode 2 : Soit $\dfrac{t}{100}$ le pourcentage cherché.

On a donc $\dfrac{t}{100} \times 45 = 27$, donc $\dfrac{45 \times t}{100} = 27$

donc $45 \times t = 27 \times 100$, donc $t = 27 \times \dfrac{100}{45} = 60$

Ce qui permet de conclure.

Méthode 3 : La proportion de la durée de possession de la balle par rapport à la durée de jeu est de $\dfrac{27}{45}$.

Il faut trouver une fraction égale dont le dénominateur est 100 :

$\dfrac{27}{45} = 27 : 45 = 0{,}60 = \dfrac{60}{100}$. Ce qui permet de conclure.

Remarque : Cette méthode est la plus rapide.

Conclusion Si t % de a est égal à b, on a vu que $\dfrac{t}{100} \times a = b$.

Cela permet d'en déduire que : $\boldsymbol{a = b : \dfrac{t}{100}}$ **et** $\boldsymbol{\dfrac{t}{100} = b : a}$

▪ EXERCICE D'APPLICATION

a. Un maraicher est venu au marché avec 150 kg de pommes de terre.
À la fin du marché, il en a vendu 127,50 kg.
Quel pourcentage de la masse apportée a-t-il vendu ?
b. Etienne constate que, sur 250 pommes qu'il a mis dans sa cave, 30 sont abimées.
Quel est le pourcentage de pommes abimées ?

Corrigé commenté :

a. $\frac{127,50}{150} = 0,85 = \frac{85}{100}$

Il a vendu 85 % de la masse de pommes de terre apportées.

b. $\frac{30}{250} = 0,12 = \frac{12}{100}$

Il a 12 % de ses pommes qui sont abimées.

→ EXERCICES 15 et 16 p. 149 et 150

S'ENTRAINER

Compléter des tableaux de proportionnalité

1 Compléter chaque tableau de proportionnalité.

a.

Grandeur 1	12	9
Grandeur 2	5	

b.

Grandeur 1	5	
Grandeur 2	27	18

c.

Grandeur 1		12
Grandeur 2	14	35

d.

Grandeur 1	12	11
Grandeur 2	7	

e.

Grandeur 1	$\frac{3}{5}$	
Grandeur 2	$\frac{2}{3}$	$\frac{3}{4}$

2 Dans chaque tableau, les grandeurs sont proportionnelles, trouver le coefficient de proportionnalité.

a.

Grandeur 1	5
Grandeur 2	12

b.

Grandeur 1	15
Grandeur 2	18

c.

Grandeur 1	7
Grandeur 2	13

3 Sans poser d'opération ni utiliser la calculatrice, compléter chaque tableau de proportionnalité. Identifier la propriété utilisée.

a.

Grandeur 1	14	7
Grandeur 2	18,2	

b.

Grandeur 1	11	
Grandeur 2	5,8	11,6

c.

Grandeur 1	45	17
Grandeur 2	15	

d.

Grandeur 1	14	11	25
Grandeur 2	33,6	26,4	

e.

Grandeur 1	2,5	7	5	12
Grandeur 2	3	8,4		

Reconnaitre des grandeurs proportionnelles

4 **Dans chaque cas, indiquer si les grandeurs sont proportionnelles ou pas.**

a.

Grandeur 1	5	8	11	4
Grandeur 2	6	9,6	13,2	4,8

b.

Grandeur 1	2,5	3,75	5	3
Grandeur 2	6	9	12	6,2

c.

Grandeur 1	5	8
Grandeur 2	2,4	3,2

d.

Grandeur 1	12	2
Grandeur 2	30	5

5 **Dans chaque cas, indiquer si les grandeurs sont proportionnelles ou pas.**

a.

Grandeur 1	5	8	13
Grandeur 2	8	12,8	20

b.

Grandeur 1	8,2	3	16,4
Grandeur 2	2,05	0,75	4

c.

Grandeur 1	6	8
Grandeur 2	2,4	3,1

d.

Grandeur 1	3	8	11
Grandeur 2	5,4	13,4	18,8

6 **Dans chaque cas, préciser si les grandeurs sont proportionnelles ou pas. Justifier chaque réponse.**

a. La masse d'une plaque de métal homogène et son aire.

b. La masse d'une plaque homogène en acier et son volume.

c. La distance parcourue par un cycliste qui se déplace à vitesse uniforme et la durée du parcours.

d. Le volume d'un cylindre de hauteur fixée et son rayon.

7 **Dans chaque cas, préciser si les grandeurs sont proportionnelles ou pas. Justifier chaque réponse.**

a. L'aire d'un rectangle de largeur fixée et sa longueur.

b. L'aire d'un rectangle et son périmètre.

c. La longueur de fil électrique et son prix.

d. La hauteur d'une pile de jetons et le nombre de jetons.

Résoudre des problèmes de 4e proportionnelle

8 Répondre, si possible, aux questions suivantes :

a. Une planche de châtaignier a un volume de 450 cm^3, elle pèse 270 g.
(1) Quelle est la masse d'une planche de châtaignier de 1 350 cm^3 ?
(2) Quel est le volume d'une planche de châtaignier de 750 g ?

b. En vélo, je roule pendant 500 m et j'ai fait 230 tours de pédale.
Tout le long de ce parcours, mes tours de pédale ont toujours entrainé la roue.
Dans les mêmes conditions :
(1) Combien faudra-t-il que je fasse de tours de pédale pour parcourir 800 m ?
(2) Quelle distance vais-je parcourir si je fais 500 tours de pédale ?

c. Une voiture roule à vitesse constante.
On constate que, pour parcourir 250 km, on a consommé 19,50 L.
Dans les mêmes conditions de circulation :
(1) Quelle distance peut-on parcourir avec 45 L d'essence ?
(2) Quelle sera la consommation d'essence pour parcourir 375 km ?

Résoudre des problèmes de comparaison de proportions

9 Dans la classe A de 26 élèves, un sondage montre que 10 élèves préfèrent le foot. Dans la classe B de 28 élèves, il montre que 11 élèves préfèrent le foot. **Dans quelle classe la proportion d'élèves préférant le foot est-elle la plus grande ?**

10 Dans le mélange A, il y a 12 L de peinture blanche et 5 L de peinture bleue. Dans le mélange B, il y a 11 L de peinture blanche et 4 L de peinture bleue. **Quel est le mélange le plus bleu ?**

Appliquer un pourcentage

11 Calculer mentalement.

a. 50 % de 234
b. 100 % de 250
c. 25 % de 28
d. 10 % de 347
e. 200 % de 54
f. 87 % de 100

12 Donner un ordre de grandeur.

a. 48 % de 12 056
b. 9,7 % de 259
c. 24,8 % de 239

13 a. Au cours d'une élection, il y eu 34 000 votants. 35 % ont voté pour le candidat A. **Combien de personnes ont voté pour ce candidat ?**

b. On sait que le prix hors taxe d'un produit est de 25 € et que la taxe est de 20 %. **Quel est le montant de la taxe ?**

c. Quand Estelle va chez son médecin, elle paie 23 € la visite. La sécurité sociale lui rembourse 70 % du prix de sa visite. **Combien lui rembourse-t-elle ?**

d. Lucas place, pendant un an, 4 800 € au taux de 0,75 %.
Quel sera le montant de ses intérêts au bout d'un an ?

e. Sur une tablette de chocolat aux noisettes de 120 g, on lit :
« 8 % de noisettes ». **Quelle est la masse de noisettes dans cette tablette ?**

Calculer la quantité sur laquelle s'applique un pourcentage

14 a. Au cours d'une élection, 40 % des électeurs ont voté pour le candidat A. Cela représente 24 000 votants. **Combien y a-t-il de votants au total ?**

b. Sur un article, la taxe est de 20 % et se monte à 3 €.
Quel est le prix hors taxe de cet article ?

c. La sécurité sociale rembourse 75 % du prix d'une visite chez un médecin.
Si une visite est remboursée 27 €, quel est le prix de la visite ?

d. J'ai placé une somme d'argent, pendant 1 an, au taux de 2 %.
Cela m'a rapporté 250 € d'intérêt. **Quelle somme ai-je placée ?**

e. Sur une tablette de chocolat aux noisettes, on peut lire 12 % de noisettes, soit 15 g. **Quelle est la masse de la tablette ?**

Calculer un pourcentage

15 a. 22 548 électeurs ont voté pour le candidat A.
Il y a eu au total 45 375 votants.
Quel est le pourcentage de personnes qui ont voté pour ce candidat ?

b. Sur un article de 256 € HT, la taxe s'élève à 12,80 €.
Quel est le pourcentage de la taxe ?

c. Je suis remboursé 36 € pour une visite chez le médecin facturée 45 €.
Quel est le pourcentage de remboursement ?

d. J'ai placé 10 800 € pendant 1 an. Cela m'a rapporté 486 € d'intérêts.
Quel est le pourcentage d'intérêts de ce placement ?

e. Sur une tablette de chocolat, on peut lire 140 g, dont 8,4 g de noisettes.
Quel est le pourcentage de noisettes ?

16 **Calculer mentalement chaque pourcentage.**

a. 125 par rapport à 250

b. 7,5 par rapport à 75

c. 160 par rapport à 80

d. 4 par rapport à 20

e. 12 par rapport à 48

CORRIGÉS

1 a. $\frac{12}{5} = \frac{9}{?}$ donc le nombre cherché est égal à $9 \times \frac{5}{12} = 3{,}75$

b. Le nombre cherché est $18 \times 5 : 27 = \frac{10}{3}$

c. Le nombre cherché est $14 \times 12 : 35 = 4{,}8$

d. Le nombre cherché est $7 \times 11 : 12 = \frac{77}{12}$

e. Le nombre cherché est : $\frac{3}{5} \times \frac{3}{4} : \frac{2}{3} = \frac{9}{20} : \frac{2}{3} = \frac{9}{20} \times \frac{3}{2} = \frac{27}{40}$

2 a.

Grandeur 1	5
Grandeur 2	12

$\times 12 : 5 = 2{,}4$

$\times 5 : 12 = \frac{5}{12}$

b.

Grandeur 1	15
Grandeur 2	18

$\times 18 : 15 = 1{,}2$

$\times 15 : 18 = \frac{5}{6}$

c.

Grandeur 1	7
Grandeur 2	13

$\times \frac{13}{7}$

$\times \frac{7}{13}$

3 **a.** (: 2)

Grandeur 1	14	7
Grandeur 2	18,2	18,2 : 2 = 9,1

Propriété multiplicative de la linéarité

b. (× 2)

Grandeur 1	11	11 × 2 = 22
Grandeur 2	5,8	11,6

Propriété multiplicative de la linéarité

c. (: 3)

Grandeur 1	45	17
Grandeur 2	15	$\frac{17}{3}$

Recherche du coefficient de proportionnalité

d. (+)

Grandeur 1	14	11	25
Grandeur 2	33,6	26,4	33,6 + 26,4 = 60

Propriété additive de la linéarité

e. (× 2) (+)

Grandeur 1	2,5	7	5	12
Grandeur 2	3	8,4	3 × 2 = 6	8,4 + 6 = 14,4

Propriété multiplicative et additive de la linéarité

4 **a.** Les deux grandeurs sont proportionnelles. Le coefficient de proportionnalité qui permet de passer des valeurs de la ligne du haut à celles de la ligne du bas est « × 1,2 ».

b. On passe des valeurs de la ligne du haut à celles de la ligne du bas en les multipliant par 2,4 sauf pour la dernière valeur. Donc ces deux grandeurs ne sont pas proportionnelles.

c. $5 \times 3{,}2 = 16$ et $8 \times 2{,}4 = 19{,}2$
La propriété des produits croisés n'est pas vérifiée, donc les deux grandeurs ne sont pas proportionnelles.

d. $5 \times 12 = 2 \times 30$
La propriété des produits croisés est vérifiée, donc les deux grandeurs sont proportionnelles.

5 a. $13 = 5 + 8$, donc si les deux grandeurs sont proportionnelles, alors le nombre correspondant à 13 devrait être égal à la somme : $8 + 12{,}8 = 20{,}8$, ce qui n'est pas le cas.
Donc les grandeurs ne sont pas proportionnelles.

b. $16{,}4 = 8{,}2 \times 2$, donc le nombre correspondant à 16,4 doit être égal à :
$2{,}05 \times 2 = 4{,}1$, ce qui n'est pas le cas.
Donc les grandeurs ne sont pas proportionnelles.

c. $6 \times 3{,}1 = 18{,}6$ et $8 \times 2{,}4 = 19{,}2$
$18{,}6 \neq 19{,}2$, donc la propriété des produits croisés n'est pas respectée.
Donc les grandeurs ne sont pas proportionnelles.

d. La propriété additive de la linéarité est bien vérifiée avec $3 + 8 = 11$ et $5{,}4 + 13{,}4 = 18{,}8$, par contre pour passer de 3 à 5,4, on multiplie par 1,8 ce qui n'est pas le cas pour passer de 8 à 13,4 ($13{,}4 : 8 = 1{,}675$).
Donc les grandeurs ne sont pas proportionnelles.

6 a. Il n'y a pas proportionnalité, car on ne dit pas si la plaque a toujours la même épaisseur.

b. Soit ρ la masse volumique de la matière qui constitue la plaque, soit m sa masse et V son volume. Les unités sont cohérentes (par exemple, masse en g, volume en cm^3 et masse volumique en g/cm^3).
On a $M = V \times \rho$ (car la plaque est homogène).
Or ρ est une constante, donc il y a proportionnalité entre la masse et le volume de cette plaque.

c. Soit υ la vitesse du cycliste, t la durée et d la distance. Les unités sont cohérentes (par exemple, distance en km, durée en h et vitesse en km/h).
$d = \upsilon\, t$, or υ est constante car la vitesse est uniforme.
Donc, il y a proportionnalité entre la distance parcourue et la durée du parcours.

d. Soit V le volume du cylindre, h la hauteur et r le rayon de la base.
Les unités sont cohérentes. $V = \pi r^2 \times h = (\pi r h) \times r$, or $\pi r h$ n'est pas une constante puisque r varie, donc il n'y a pas proportionnalité entre le volume d'un cylindre et son rayon (la hauteur est constante).

7 **a.** Soit *A* l'aire du rectangle, ℓ sa largeur et *L* sa longueur.
Les unités sont cohérentes. $A = \ell \times L$, or ℓ est constante, donc il y a proportionnalité entre l'aire du rectangle et sa longueur.

b. On soupçonne qu'il n'y a pas proportionnalité. Pour le prouver, il suffit de trouver un contre-exemple :

Rectangle	Dimensions	Aire	Périmètre
(1)	10 cm × 5 cm	50 cm²	30 cm
(2)	20 cm × 5 cm	100 cm²	50 cm

La propriété multiplicative de la linéarité n'est pas respectée (on a doublé l'aire et le périmètre n'est pas doublé).

c. Cela dépend du contexte social. Le prix du mètre a beaucoup de chance de varier suivant la quantité achetée. Dans ce cas, il n'y a pas proportionnalité.

d. On ne dit pas que les jetons ont la même épaisseur. Il n'y a donc pas proportionnalité.

8 **a.** Il y a proportionnalité entre la masse de la planche et son volume, car elle est supposée homogène.

(1) On constate que 1 350 = 3 × 450. La masse de cette planche est donc de 270 g × 3 = 810 g (*Application de la propriété multiplicative de la linéarité*)

(2) On peut établir un tableau de proportionnalité :

Volume (en cm³)	450	
Masse (en g)	270	750

450 × 750 : 270 = 1 250. La planche a un volume de 1 250 cm³.

On peut également utiliser la méthode du retour à l'unité :
Une masse de 1 g a un volume en cm³ de 450 : 270, donc une masse de 750 g aura un volume en cm³ de (450 : 270) × 750.

b. Compte tenu que les tours de pédale ont toujours entrainé la roue, il y a proportionnalité entre le nombre de tours de pédale et la distance parcourue.

(1) On peut établir un tableau de proportionnalité :

Distance parcourue (en m)	500	800
Nombre de tours de pédale	230	

230 × 800 : 500 = 368. Je dois donc faire 368 tours de pédale.

On peut également procéder par retour à l'unité[4] en calculant le nombre de tours de pédale nécessaire pour parcourir 1 m en effectuant 230 : 500 et on multiplie le résultat obtenu par 800.

(2) On peut utiliser le même tableau de proportionnalité :

Distance parcourue (en m)	500	
Nombre de tours de pédale	230	500

500 × 500 : 230 ≈ 1 087. Je parcours environ 1 087 m.

c. Il y a proportionnalité entre la distance parcourue et la consommation d'essence, car on roule à vitesse constante et dans les mêmes conditions.

(1) On peut établir un tableau de proportionnalité :

Distance parcourue (en km)	250	
Consommation (en L)	19,5	45

45 × 250 : 19,5 ≈ 577. On peut parcourir environ 577 km.

(2) Pour répondre à cette question, on peut encore recourir au tableau de proportionnalité, mais on peut également constater que 375 km s'obtient en ajoutant 250 km et la moitié de 250 km.
La propriété multiplicative de la linéarité permet de conclure que, pour parcourir la moitié de 250 km, il faut la moitié de 19,5 L d'essence, soit 9,75 L.
La propriété additive de la linéarité permet de conclure que pour parcourir 250 km + 125 km = 375 km, il faut 19,5 L + 9,75 L = 29,25 L[5].

9 Dans la classe A, la proportion d'élèves qui préfèrent le foot est de $\frac{10}{26}$.

Dans la classe B, la proportion d'élèves qui préfèrent le foot est de $\frac{11}{28}$.

$\frac{10}{26} - \frac{11}{28} = -\frac{3}{364}$, donc $\frac{10}{26} < \frac{11}{28}$

(pour effectuer cette comparaison, on peut aussi calculer des valeurs approchées des quotients).
C'est donc dans la classe B que la proportion d'élèves préférant le foot est la plus grande.

---

4. La méthode du retour à l'unité est possible dans tous les cas, nous ne la présenterons plus.
5. On aurait aussi pu utiliser uniquement la propriété multiplicative de la linéarité en constatant que 375 km = 250 km × 1,5

10 Le mélange le plus bleu est celui pour lequel la proportion de peinture bleue par rapport à la peinture blanche est la plus grande.

Dans le mélange A, cette proportion est de $\frac{5}{12}$

Dans le mélange B, cette proportion est de $\frac{4}{11}$

$\frac{5}{12} > 0{,}41$ et $\frac{4}{11} < 0{,}37$, donc $\frac{4}{11} < \frac{5}{12}$.

C'est donc le mélange A qui est le plus bleu.

Remarque : On peut aussi calculer la proportion de peinture bleue par rapport à la quantité totale de peinture.

11 **a.** 50 %, c'est la moitié $\left(50\,\% = \frac{50}{100} = \frac{1}{2}\right)$, donc 50 % de 234 est égal à 117.

b. 100 % de 250, c'est la totalité $\left(100\,\% = \frac{100}{100} = 1\right)$, donc 100 % de 250 est égal à 250.

c. 25 %, c'est le quart $\left(25\,\% = \frac{25}{100} = \frac{1}{4}\right)$, donc 25 % de 28 est égal à 7.

d. 10 %, c'est $\frac{1}{10}$ $\left(10\,\% = \frac{10}{100} = \frac{1}{10}\right)$, donc 10 % de 347 est égal à 34,7.

e. 200 %, c'est le double $\left(200\,\% = \frac{200}{100} = 2\right)$, donc 200 % de 54 est égal à 108.

f. 87 % de 100, c'est 87.

12 **a.** 48 % de 12 056, c'est approximativement 50 % de 12 000, c'est-à-dire 6 000.

b. 9,7 % de 259, c'est approximativement 10 % de 259, c'est-à-dire 25,9.

c. 24,8 % de 239, c'est approximativement 25 % de 240, c'est-à-dire 60.

13 **a.** $\frac{35}{100} \times 34\,000 = 11\,900$, donc 11 900 électeurs ont voté pour ce candidat.

b. $\frac{20}{100} \times 25 = 5$. Le montant de la taxe est de 5 €.

c. $\frac{70}{100} \times 23 = 16{,}10$ €. La sécurité sociale rembourse 16,10 €.

d. $\frac{0,75}{100} \times 4\,800 = 36$. Le montant des intérêts est de 36 €.

e. $\frac{8}{100} \times 120 = 9,6$ g. La masse de noisettes est de 9,6 g.

14 **a.** Soit x le nombre de votants, $\frac{40}{100} \times x = 24\,000$, donc $0,4x = 24\,000$

donc $x = 24\,000 : 0,4 = 60\,000$. Il y a donc 60 000 votants.

b. $3 : \frac{20}{100} = 3 : 0,2 = 15$ €. Le prix de cet article HT (hors taxe) est de 15 €.

c. $27 : \frac{75}{100} = 27 : 0,75 = 36$. Le prix de la visite est de 36 €.

d. $250 : \frac{2}{100} = 250 : 0,02 = 12\,500$. J'ai placé 12 500 €.

e. $15 : \frac{12}{100} = 15 : 0,12 = 125$. La tablette a une masse de 125 g.

15 **a.** Soit t % le pourcentage de votants pour le candidat A.

On a donc $45\,375 \times \frac{t}{100} = 22\,548$, donc $\frac{t}{100} = 22\,548 : 45\,375 \approx 0,497$.

Il y a donc 49,7 % de personnes qui ont voté pour le candidat A.

b. 12,80 : 256 = 0,05. La taxe est de 5 %.

c. 36 : 45 = 0,8. Le remboursement est de 80 %.

d. 486 : 10 800 = 0,045. Le pourcentage d'intérêts est de 4,5 %.

e. 8,4 : 140 = 0,06. Le pourcentage de noisettes est de 6 %.

16 **a.** 125 est la moitié de 250, il représente donc 50 % de 250.

b. 7,5 est le dixième de 75, il représente donc 10 %.

c. 160 est le double de 80, il représente donc 200 %.

d. 4 est égal au cinquième de 20, il représente donc 20 % $\left(\frac{20}{100} = \frac{1}{5}\right)$.

e. 12 est le quart de 48, il représente donc 25 %.

CHAPITRE
7 Géométrie plane

Qu'est-ce qu'il faut savoir en lien avec la géométrie plane ?

→ FICHE SYNTHÈSE 7

COMPRENDRE

Pour démarrer *Noter les notions de géométrie que vous connaissez, donnez-en la définition, une représentation, le vocabulaire associé.*

Réponse Reportez-vous à la fiche synthèse 7 qui met en relation les différents objets de la géométrie nécessaires pour le concours.

1 Comment construire les figures de base ?

A Tracé d'une droite perpendiculaire à une droite donnée passant par un point donné

Pour démarrer *Tracer la droite perpendiculaire à (d) qui passe par A avec une règle et une équerre.*

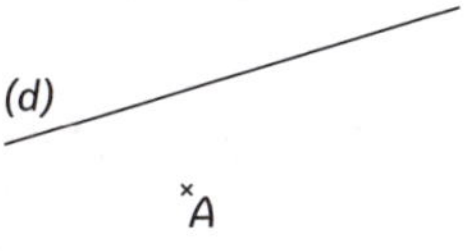

Réponse

Étape 1 : Placer une règle[1], puis l'équerre sur la droite (*d*).

Étape 2 : Faire glisser l'équerre jusqu'au point *A*.
Tracer la droite perpendiculaire à (*d*) qui passe par *A*.

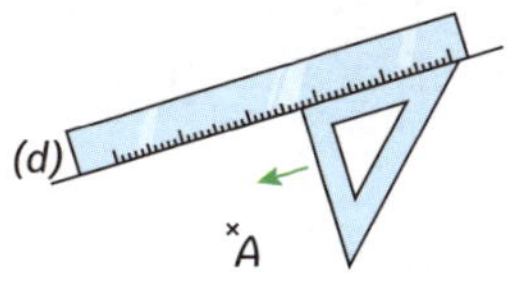

Étape 1

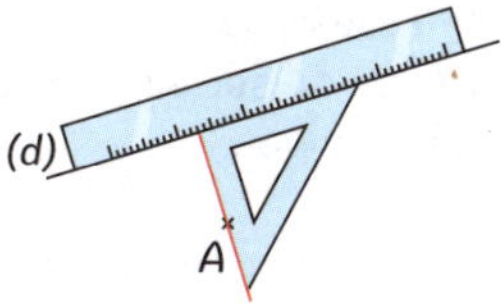

Étape 2

1. La règle n'est pas forcément indispensable mais elle permet de s'assurer que l'équerre glisse correctement sur la droite.

B Tracé d'une droite parallèle à une droite donnée passant par un point donné

Pour démarrer *Tracer la droite parallèle à (d) qui passe par A avec une règle et une équerre.*

Réponse

Étape 1 : Placer un côté de l'angle droit de l'équerre sur la droite, puis placer une règle sur l'autre côté de l'angle droit.
Étape 2 : Faire glisser l'équerre jusqu'au point *A*.
Tracer la droite parallèle à (*d*) qui passe par *A*.

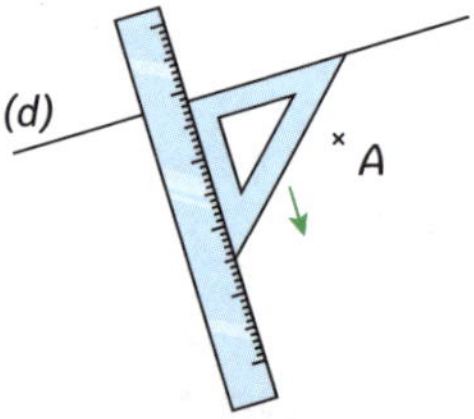

Étape 1

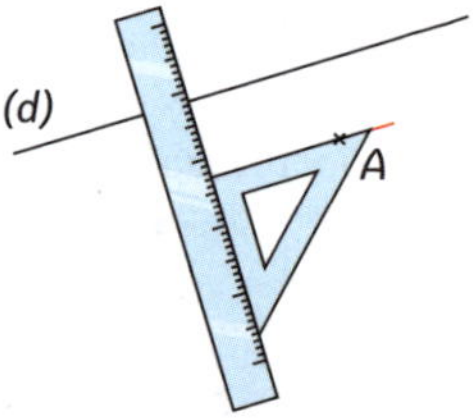

Étape 2

Justification : On utilise ici la propriété suivante :
« **Deux droites perpendiculaires à la même troisième sont parallèles.** »

C Tracé de la médiatrice d'un segment

Pour démarrer *Tracer la droite (d) médiatrice du segment [AB].*

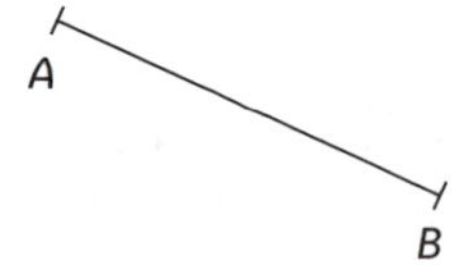

Réponse

Méthode 1 : Avec la règle graduée et l'équerre
Placer le milieu du segment et tracer la perpendiculaire à ce segment passant par le milieu.

Justification : On utilise ici la définition de la médiatrice.

Méthode 2 : Avec le compas et une règle (non graduée)

Étape 1 : Tracer deux arcs de cercle de même rayon et de centres *A* et *B*.
Étape 2 : Tracer la droite passant par les deux points d'intersection de ces deux arcs. C'est la médiatrice du segment [*AB*].

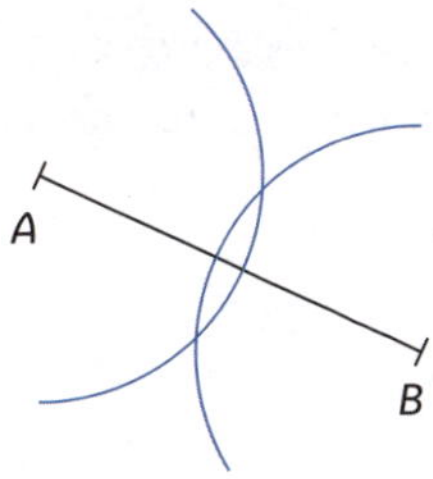

Étape 1

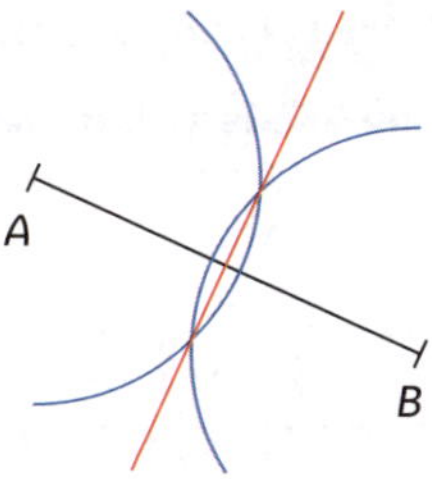

Étape 2

Remarque : Cette méthode permet de placer le milieu d'un segment sans utiliser de règle graduée.

Justification : On utilise la propriété : « **La médiatrice est l'ensemble des points équidistants des extrémités d'un segment.** »

D Tracé d'un triangle

Pour démarrer *Tracer le triangle ABC tel que AB = 3 cm, AC = 3,8 cm et BC = 4 cm.*

Réponse **Étape 1 :** Tracer un 1er côté, ici [*AB*].
Étape 2 : Tracer un arc de cercle dont le centre est une extrémité de ce côté, par exemple *A*, et dont le rayon est la longueur d'un 2e côté, ici *AC*.
Tracer un second arc de cercle dont le centre est la 2e extrémité, *B*, et dont le rayon est la longueur du 3e côté, *BC*.
L'intersection des deux arcs de cercle est le 3e sommet du triangle.
Étape 3 : Tracer les côtés [*AC*] et [*BC*].

Étape 1

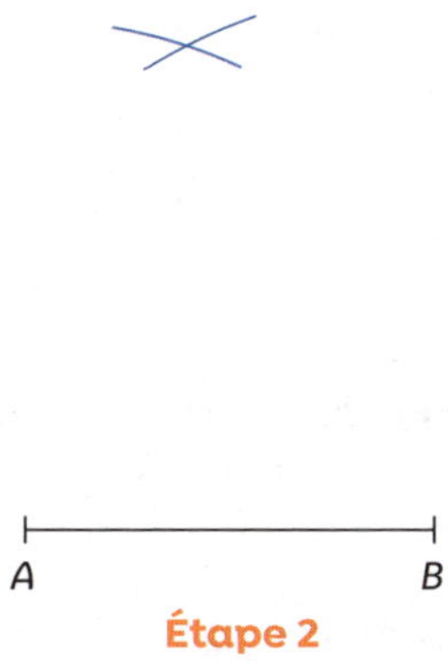

Étape 2

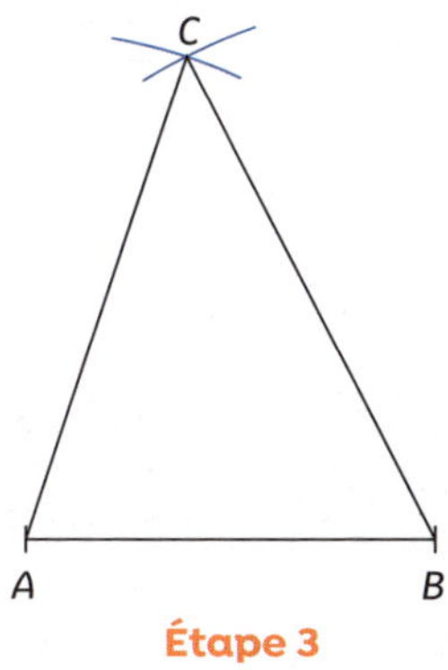

Étape 3

EXERCICE D'APPLICATION

Entrainez-vous à effectuer différents tracés de façon à les automatiser.

2 Comment résoudre les problèmes de construction et de description ?

A Construire une figure à partir d'un programme de tracés

Pour démarrer *Tracer un triangle ABC.*
Tracer la perpendiculaire à (AC) qui passe par B, elle coupe (AC) en H.
Placer le point I milieu de [HC].
Tracer la droite parallèle à (BC) qui passe par H.
Tracer la perpendiculaire à (AC) qui passe par C.
Elle coupe la parallèle précédente en K. Tracer (BK).

Réponse Si la construction est précise, alors la droite (*BK*) passe par *I*.

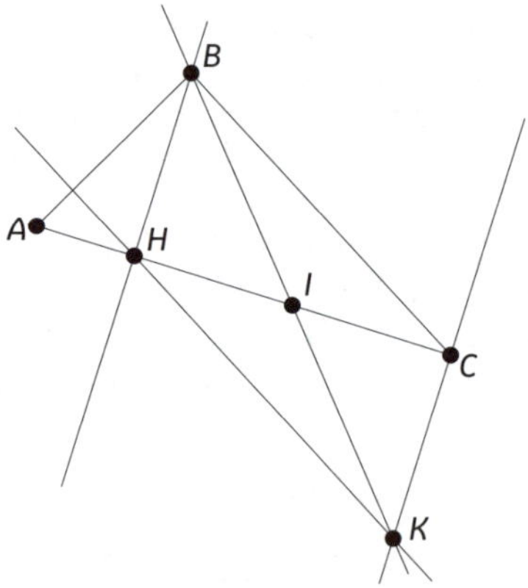

Définition **Un programme de tracés** est une succession d'instructions correspondant chacune à la construction d'une figure de base.

→ EXERCICES 1 à 3 p. 165

B Construire une figure à partir d'un cahier des charges

Pour démarrer

a. *Construire la figure en taille réelle à partir du schéma ci-contre.*

b. *Tracer un triangle ABC rectangle en A tel que : AB = 4 cm et BC = 5 cm.*

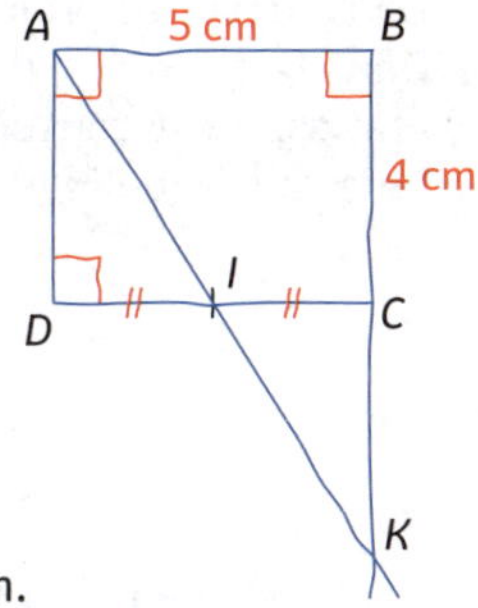

Réponses

a. *ABCD* a trois angles droits, c'est donc un rectangle.

Étapes de tracés :

– Tracer le rectangle *ABCD* tel que *AB* = 5 cm et *BC* = 4 cm.

– Placer le point *I* milieu de [*DC*].

– Tracer la droite (*AI*) qui coupe (*BC*) en *K*.

Si vous avez réalisé la figure avec précision, alors *CK* = 4 cm.

b. Attention, *BC* n'est pas la longueur du 2e côté de l'angle droit.
Il est nécessaire de faire un schéma pour établir les étapes de tracés :

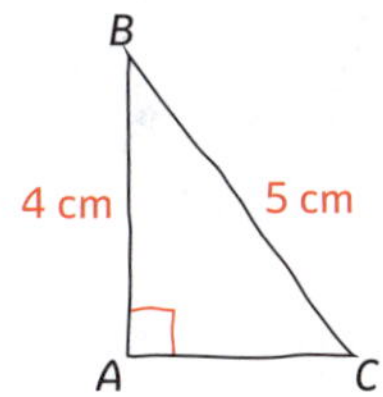

Étapes de tracés possibles :

– Tracer le segment [*AB*] de 4 cm de long.

– Tracer la droite perpendiculaire à (*AB*) qui passe par *A*.

– Tracer un arc de cercle de centre *B* et de rayon 5 cm, il coupe la perpendiculaire en *C*.

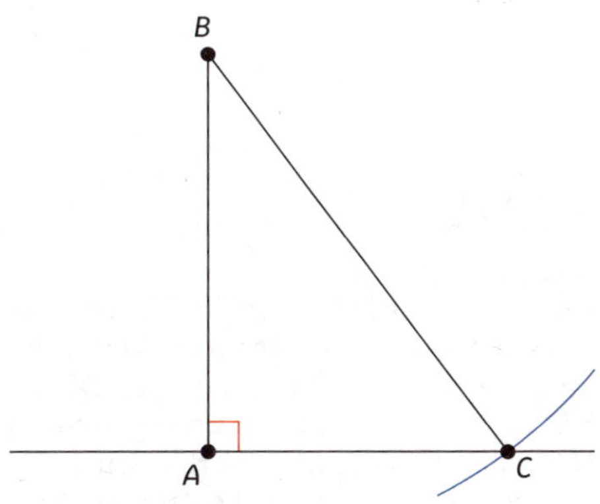

Pour placer le point *C*, on ne peut pas procéder par ajustement avec la règle graduée, il faut utiliser le compas. À noter qu'au concours, il est très important de laisser apparent les traits de construction, entre autres, les arcs de cercle quand ils sont nécessaires à la construction d'une figure.

Le cahier des charges peut se présenter sous deux formes :
- Un schéma.
- Un ensemble de caractéristiques.

Dans ce type de problème, c'est à vous de trouver les étapes de la construction. Dans le cas où on donne les caractéristiques de la figure, pour trouver les étapes, il est conseillé de construire un schéma à main levée de la figure finie, sur lequel figure ces caractéristiques.

→ EXERCICES 4 et 5 p. 165

C Reproduire une figure (à l'échelle 1)

Pour démarrer *Reproduire la figure ci-dessous.*

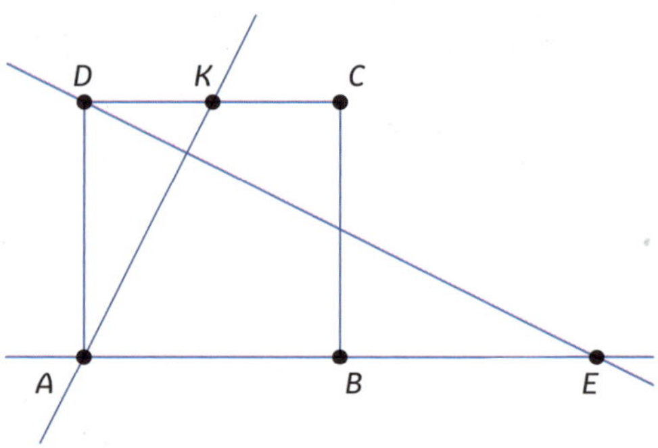

Réponse

Analyse de la figure[2] **:**
- *Les figures de base :* carré *ABCD* de coté 2,5 cm, les droites (*AK*), (*DE*) et (*AB*).
- *Les liens entre ces différentes figures de base :* la droite (*AB*) prolonge un côté du carré, *K* est le milieu de [*DC*] et (*DE*) est perpendiculaire à (*AK*).
- *Établir une chronologie :* On commence par tracer le carré *ABCD* de 2,5 cm de côté, puis on place le point *K* milieu de [*DC*], et on trace la droite (*AK*), et enfin, on trace la droite perpendiculaire à (*AK*) et qui passe par *D*, elle coupe (*AB*) en *E*.

Il n'y a plus qu'à suivre les instructions ci-dessus pour construire la figure demandée.

2. Au concours cette analyse est à faire mais n'est pas à rédiger.

Reproduire une figure consiste à réaliser une figure superposable à une figure donnée.
Pour effectuer cette réalisation, il faut établir les étapes de la construction, pour cela, il faut analyser la figure donnée :
- Identifier les figures de base qui constituent la figure : polygones particuliers, droites, segments, milieux, droites parallèles, droites perpendiculaires, cercles, ...
- Identifier les liens qui lient les différentes figures de base.
- Définir une chronologie des tracés.

→ EXERCICE 6 p. 166

D Rédiger un programme de tracés

Pour démarrer *a. Rédiger le programme de tracés de la figure du « pour démarrer » p. 162.*
b. Rédiger un programme de tracés pour passer de la figure 1 à la figure 2. Vous ne pouvez pas communiquer de dimensions.

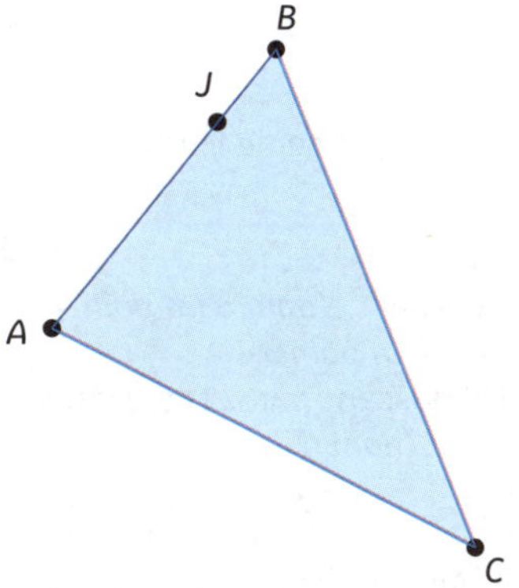

Figure 1

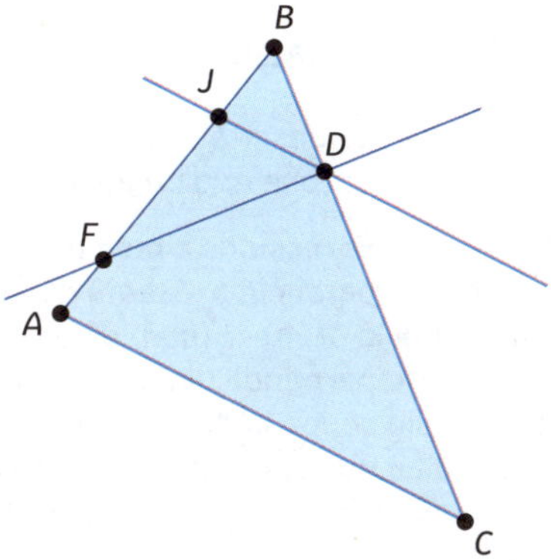

Figure 2

Réponses

a. Le programme de tracés est le suivant :
- Tracer un carré $ABCD$ tel que $AB = 2{,}5$ cm.
- Placer le point K milieu de $[DC]$ et tracer la droite (AK).
- Tracer la droite perpendiculaire à (AK) et qui passe par D, elle coupe (AB) en E.

b. Analyse de la figure :

▸ *Figures de base en plus de la figure de départ :* les droites (*JD*) et (*DF*)
▸ *Lien entre ces éléments et la figure d'origine :* (*JD*) est parallèle à (*AC*) et (*DF*) est perpendiculaire à (*BC*).
▸ *Chronologie :* On commence par tracer la droite parallèle à (*AC*) qui passe par *J*, ce qui permet de placer le point *D*, puis on trace la droite perpendiculaire à (*BC*) qui passe par *D*, cela permet de placer le point *F*.

Programme de tracés :

– Tracer la droite parallèle à (*AC*) qui passe par *J*, elle coupe (*BC*) en *D*.
– Tracer la droite perpendiculaire à (*BC*) qui passe par *D*, elle coupe (*AB*) en *F*.

Une figure étant donnée, pour établir son programme de tracés, il faut, comme pour la reproduction d'une figure, commencer par effectuer l'analyse de la figure : identification des figures de base, des liens et de la chronologie.

→ EXERCICES 7 et 8 p. 166 et 167

E Le vocabulaire

Ces tâches de description mettent en évidence l'importance de l'utilisation d'une syntaxe et d'un vocabulaire précis.

Quelques expressions à bien maitriser :

▸ La droite parallèle à ... *(nom d'une droite)* passant par ... *(nom d'un point)*, elle coupe la droite ... *(nom d'une droite)* en ... *(nom d'un point)*.
▸ La droite perpendiculaire à ... *(nom d'une droite)* passant par ... *(nom d'un point)*, elle coupe la droite ... *(nom d'une droite)* en ... *(nom d'un point)*.
▸ Le milieu du segment ... *(nom d'un segment)*.
▸ La médiatrice de ... *(nom d'un segment)*.
▸ Le cercle de centre ... *(nom d'un point)* passant par ... *(nom d'un point)*.
▸ Le cercle de diamètre ... *(nom d'un segment)*.
▸ Le cercle de centre ... *(nom d'un point)* et de rayon ... *(nombre décimal)* cm.

S'ENTRAINER

Construire une figure à partir d'un programme de tracés

1 Tracer un triangle *ABC* tel que *AB* = 4 cm, *BC* = 3,5 cm et *AC* = 4,5 cm.
Tracer la droite perpendiculaire à (*AB*) qui passe par *C*, elle coupe (*AB*) en *D*.
Tracer la droite parallèle à (*BC*) qui passe par *D*, elle coupe (*AC*) en *E*.

2 *Les dimensions ne sont pas données ici, vous pouvez donc prendre celles que vous voulez.*
Tracer un parallélogramme *ABCD*.
Tracer la droite perpendiculaire à (*DC*) qui passe par *A*, elle coupe (*DC*) en *K*.
Tracer la droite perpendiculaire à (*AB*) qui passe par *C*, elle coupe (*AB*) en *L*.
Tracer le segment [*KL*]. Soit *I* le milieu de ce segment.
Tracer (*AI*).

3 Tracer un cercle de centre *O* et de rayon 2 cm.
Soit [*AB*] un diamètre du cercle.
Tracer la médiatrice de [*OB*], elle coupe le cercle en *C* et *D*.
Tracer la tangente au cercle en *C*.
Tracer la tangente au cercle en *D*.
Ces deux tangentes se coupent en *E*.
Tracer la droite (*AE*).

Construire une figure à partir d'un cahier des charges

4 **Tracer un rectangle *ABCD* tel que *AB* = 4 cm et *AC* = 5 cm.**

5 **Tracer la figure en taille réelle à partir du schéma ci-dessous :**

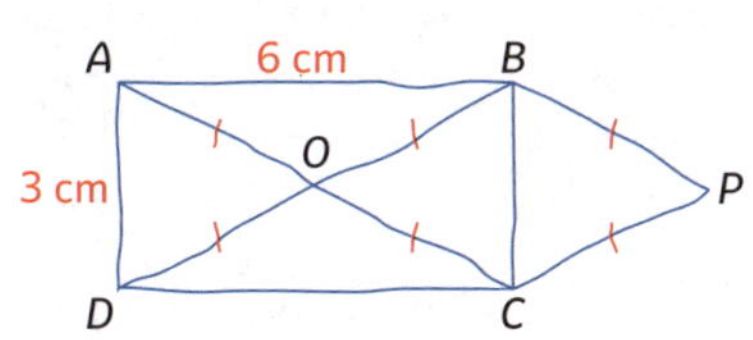

Reproduire une figure

6 Reproduire les deux figures ci-dessous.

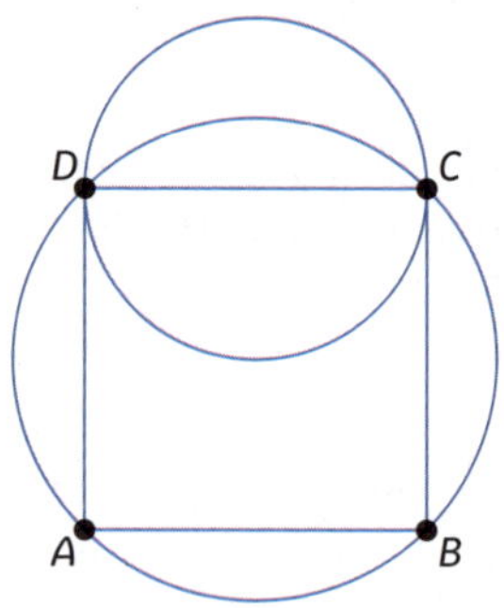

Figure 1

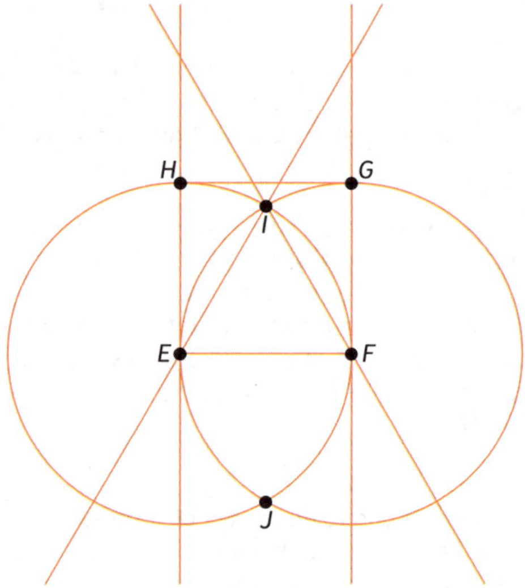

Figure 2

Rédiger un programme de tracés

7 Rédiger le programme de tracés pour passer de la figure 1 à la figure 2. Vous ne pouvez pas indiquer de dimensions.

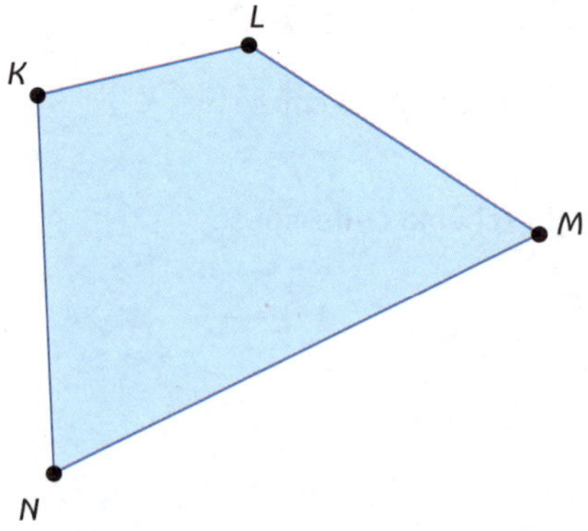

Figure 1

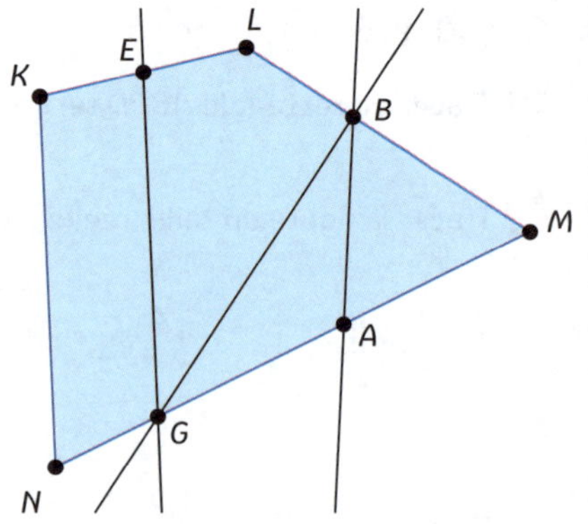

Figure 2

8 Rédiger le programme de tracés pour passer de la figure 1 à la figure 2. Vous ne pouvez pas indiquer de dimensions.

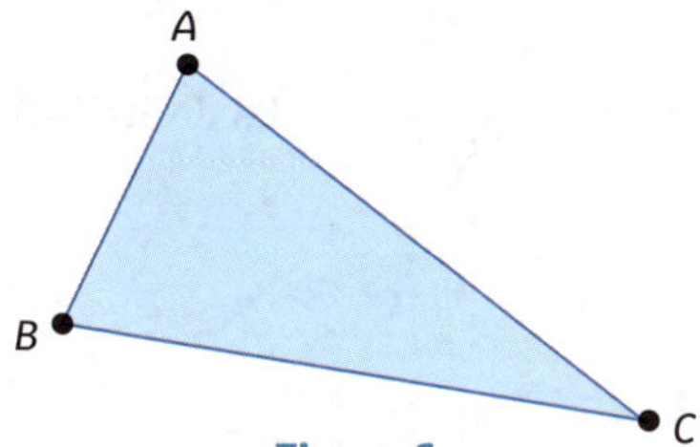

Figure 1

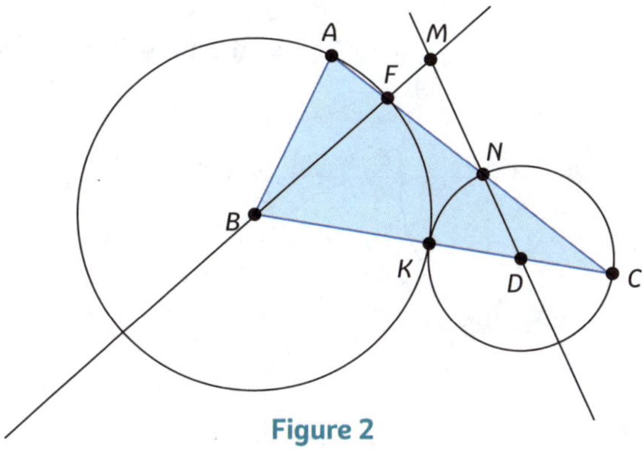

Figure 2

CORRIGÉS

1

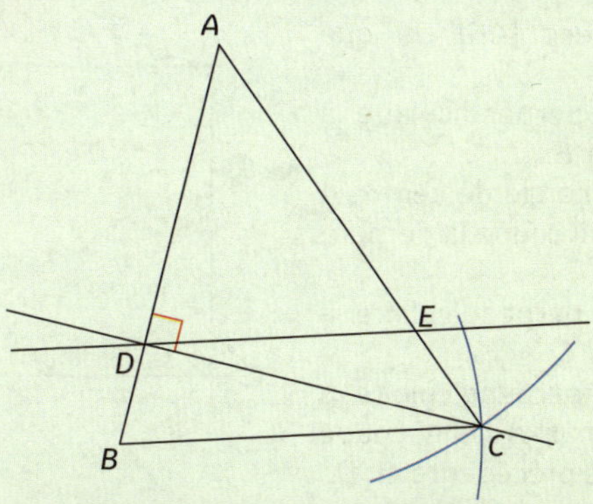

2

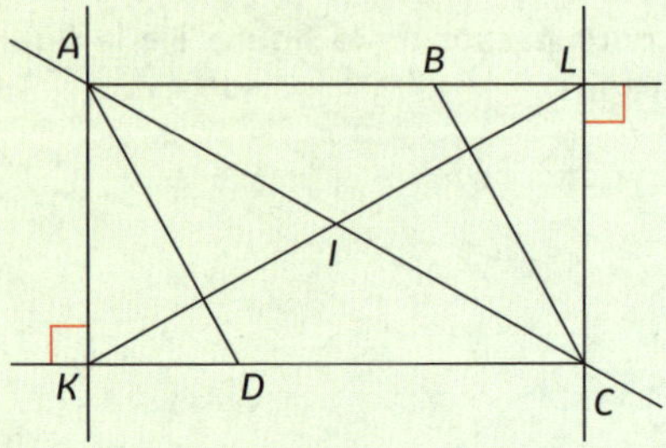

La droite (AI) doit passer par C.

3

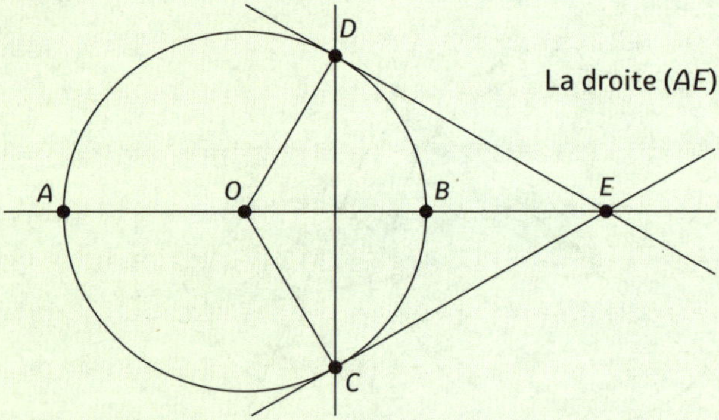

La droite (AE) doit passer par O et B.

4 Attention, AC n'est pas la longueur du 2e côté, mais la diagonale du rectangle.
Il est préférable de réaliser un schéma de la figure afin de trouver les étapes de tracés.

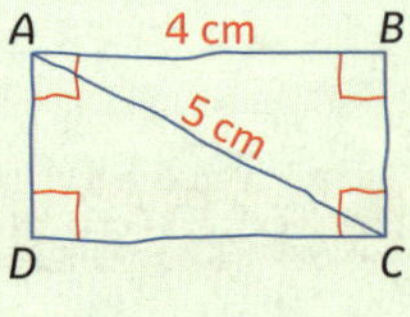

Étapes de tracés :

- Tracer un segment [AB] tel que $AB = 4$ cm.
- Tracer la droite perpendiculaire à (AB) qui passe par B.
- Tracer un arc de cercle de centre A et de rayon 5 cm, il coupe la perpendiculaire en C.
- Tracer la droite perpendiculaire à (BC) qui passe par C.
- Tracer la droite perpendiculaire à (AB) qui passe par A, elle coupe la perpendiculaire précédente en D.

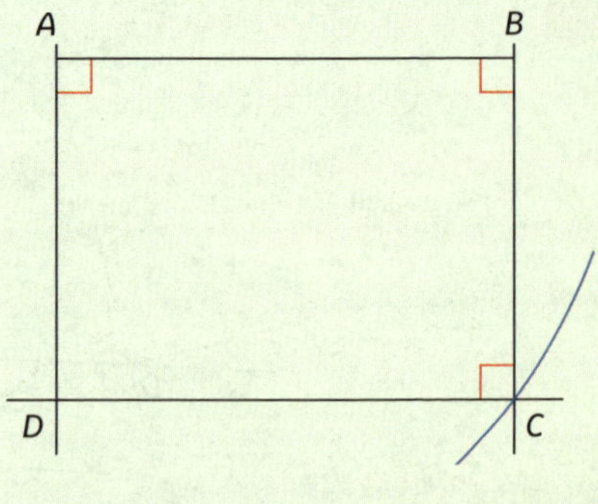

5 *ABCD* est un rectangle puisqu'il a des diagonales qui se coupent en leur milieu et qui ont même longueur.

Étapes de tracés :

– Tracer un rectangle *ABCD* tel que *AB* = 6 cm et *BC* = 3 cm.
– Tracer les diagonales qui se coupent en *O*.
– Placer le point *P* à l'extérieur du rectangle tel que *BP* = *PC*.

6 **Figure 1**

Analyse de la figure :

- *Figures de base :* Un carré *ABCD* de côté 2,4 cm et deux cercles.
- *Lien entre ces éléments :* L'un des cercles a pour diamètre [*AC*] et l'autre [*DC*]
- *Chronologie :* On peut commencer par tracer le carré, les diagonales de ce carré, puis le cercle dont le centre est le point d'intersection de ces diagonales et qui passe par les sommets. On termine en traçant le cercle de diamètre [*DC*].

Remarque : Il est bien sûr possible de tracer le grand cercle, puis le carré. Pour cela, il faut tracer deux diamètres perpendiculaires. On peut aussi tracer le carré, le petit cercle, puis le grand cercle.

Remarque : Une fois le carré tracé, pour construire le cercle de diamètre [*DB*], on ne peut pas procéder par approximations successives. Il est nécessaire de tracer les diagonales (ou au moins une des diagonales) du carré. À la fin de la construction, il ne faut surtout pas effacer ces segments. Ils attestent que vous vous avez utilisé une méthode de tracés correcte.

Figure 2

Analyse de la figure :

- *Figures de base :* Un carré de côté 2 cm, deux cercles et quatre droites.
- *Lien entre ces éléments :* Deux droites sont portées par deux côtés opposés du carré, les cercles ont pour centre un sommet du carré et passe par deux autres sommets. Les deux autres droites passent par un sommet du carré et par le point d'intersection des deux cercles qui est à l'intérieur du carré.
- *Chronologie :* On peut commencer par tracer le carré, puis les deux cercles et enfin les quatre droites.

Voici un programme de tracés possible[3] :

– Tracer un carré *EFGH* de côté 2 cm.
– Tracer les droites (*EH*) et (*FG*).
– Tracer le cercle de centre *E* passant par *F* et le cercle de centre *F* passant par *E*.
Les deux cercles se coupent en *I* et *J*. Placer *I* à l'intérieur du carré.
Tracer les droites (*EI*) et (*FI*).

3. Ce programme n'est pas demandé puisque vous devez seulement construire la figure.

7 Analyse de la figure :

- *Figures de base en plus de la figure d'origine :* Les droites (*EG*), (*GB*) et (*BA*).
- *Lien entre ces éléments et la figure d'origine :* *E* est le milieu de [*KL*], (*EG*) est parallèle à (*KN*), (*BG*) est perpendiculaire à (*LM*), *A* est le milieu de [*GM*].
- *Chronologie :* On commence par placer le milieu de [*KL*], puis on trace la droite (*EG*), puis la droite perpendiculaire à (*LM*), le milieu de [*GM*] et la droite (*AB*).

Programme de tracés :

– Placer le point *E* milieu de [*KL*].
– Tracer la droite parallèle à (*KN*) qui passe par *E*, elle coupe (*NM*) en *G*.
– Tracer la droite perpendiculaire à (*LM*) qui passe par *G*, elle coupe [*LM*] en *B*.
– Placer le point *A* milieu de [*GM*].
– Tracer la droite (*AB*).

8 Analyse de la figure :

- *Figures de base en plus de la figure d'origine :* Les deux cercles et les droites (*BM*) et (*DM*).
- *Lien entre ces éléments et la figure d'origine :* Le cercle de gauche a pour centre *B* et passe par *A*. L'autre cercle a pour diamètre *KC*.
- *Chronologie :* On commence par tracer le cercle de gauche ce qui permet de placer les points *F* et *K*, puis on place le milieu de [*KC*] et on trace le cercle de diamètre [*KC*], ce qui permet de définir le point *N*. On peut enfin tracer les droites (*BF*) et (*DN*), ce qui permet de placer le point *M*.

Programme de tracés :

– Tracer le cercle de centre *B* passant par *A*, il coupe [*AC*] en *F* et [*BC*] en *K*.
– Placer le point *D* milieu de [*KC*].
– Tracer le cercle de diamètre [*KC*], il coupe [*AC*] en *N*.
– Tracer les droites (*BF*) et (*DN*), elles se coupent en *M*.

CHAPITRE
8

Longueur de segments, aire de surfaces

- *Qu'est-ce que la longueur d'un segment ?*
- *Quelle différence entre mesure et longueur ?*
- *Qu'est-ce que l'aire d'une surface ?*
- *Quelle différence entre mesure et aire ?*

→ FICHE SYNTHÈSE 8

COMPRENDRE

1 Qu'est-ce que la longueur d'un segment ?

A La longueur d'un segment

1. Définition

Pour démarrer *Voici six segments a, b, c, d, e et f.*
Sans utiliser d'instrument de mesure, rangez-les du moins long au plus long. Décrivez votre méthode.

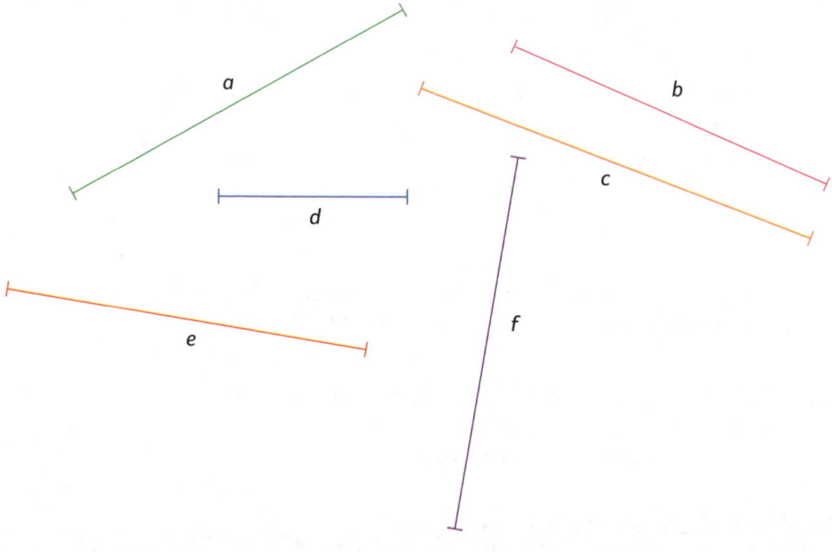

Réponse

À vue d'œil, on peut constater que :

- le segment *d* est celui qui a la plus petite longueur ;
- *b* est moins long que *c*.

En effet, si on imagine qu'on superpose le segment *b* sur le segment *c* de façon à ce qu'une de ses extrémités coïncide avec une extrémité du segment *c*, alors son autre extrémité sera sur le segment *c* (cf. dessin ci-dessous).

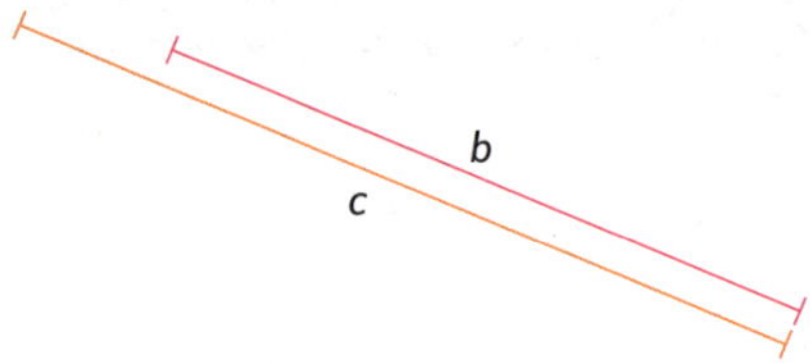

En utilisant un outil intermédiaire :

par exemple, pour comparer deux segments [*AB*] et [*CD*], on peut utiliser :

– une bande de papier :

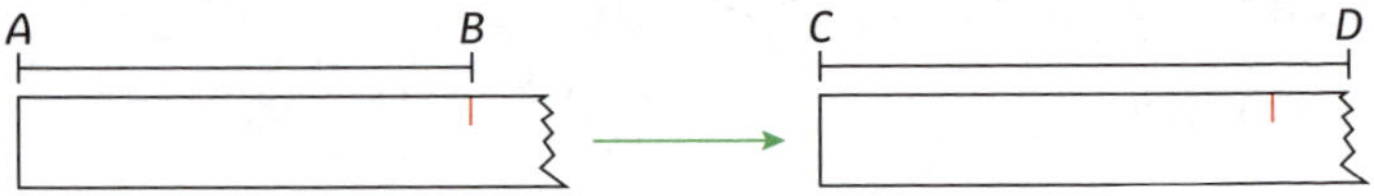

– un compas :

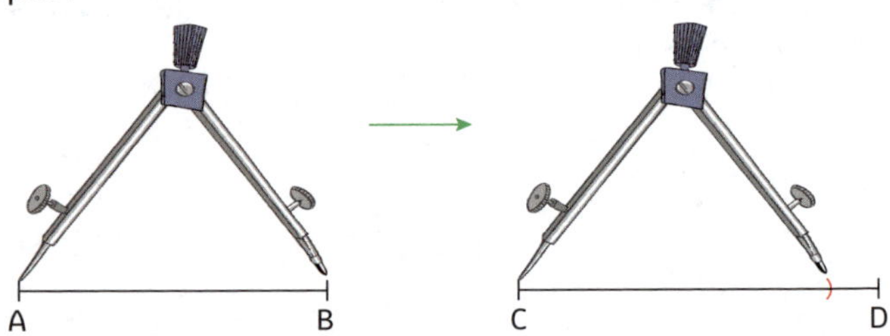

Le compas ne sert donc pas uniquement à tracer des cercles. C'est aussi un outil très utile pour comparer et reporter des longueurs.

En utilisant l'une des ces techniques, on peut constater que :

- le segment *a* est plus long que le segment *b* ;
- le segment *a* est plus long que le segment *e ;*
- etc

On obtient finalement : $d < b < e < a = f < c$

Définitions **La longueur d'un segment** est définie par deux relations :

- **La relation « a même longueur que » qui peut se définir ainsi :** « Un segment *p* a même longueur qu'un segment *q*, s'il est possible de faire coïncider les extrémités de ces deux segments. »[1]
- **La relation « a une longueur plus grande que » (ou « est plus long que ») qui peut se définir ainsi :** « Un segment *p* a une longueur plus grande qu'un segment *q*, si lorsqu'on superpose ces deux segments en faisant coïncider une de leurs extrémités, alors la seconde extrémité de *q* se trouve sur le segment *p*. »

Ces deux relations possèdent chacune la propriété de **transitivité** :

Propriétés Quels que soient les segments *p*, *q* et *r* :

- **Si *p* et *q* ont même longueur et si *q* et *r* ont même longueur, alors *p* et *r* ont même longueur.**
- **Si *p* est plus long que *q* et si *q* est plus long que *r*, alors *p* est plus long que *r*.**

Remarque : Suivant les objets, certaines longueurs portent des noms spécifiques :
– la largeur d'un rectangle, la hauteur d'un triangle, la profondeur d'un solide, ... ;
– le périmètre d'une surface ;
– la distance entre deux points.

2. D'autres longueurs

On peut aussi définir la longueur de diverses lignes, par exemple une ligne brisée, une ligne courbe, bien qu'il ne soit plus possible d'appliquer les méthodes de comparaison définies pour les longueurs de segments.

Définitions

- **Si la ligne est « déployable » (comme un fil de fer par exemple),** alors sa longueur est égale à la longueur du segment obtenu après « déploiement ».
- **Si la ligne est une ligne brisée,** alors sa longueur est la même que celle du segment que l'on obtient en alignant bout à bout des segments de même longueur que ceux qui constituent cette ligne brisée.
- **Si la ligne est une ligne courbe non « déployable »,** alors on peut superposer une ficelle sur cette ligne. La longueur de la ligne courbe est la longueur du segment obtenu en déployant la ficelle.

---

1. Cette définition est valable pour définir la longueur de n'importe quel objet : baguette de bois, tige de métal, ...

■ **EXERCICE D'APPLICATION**

Construire un segment qui a même longueur que cette ligne brisée, sans utiliser d'instrument de mesure.

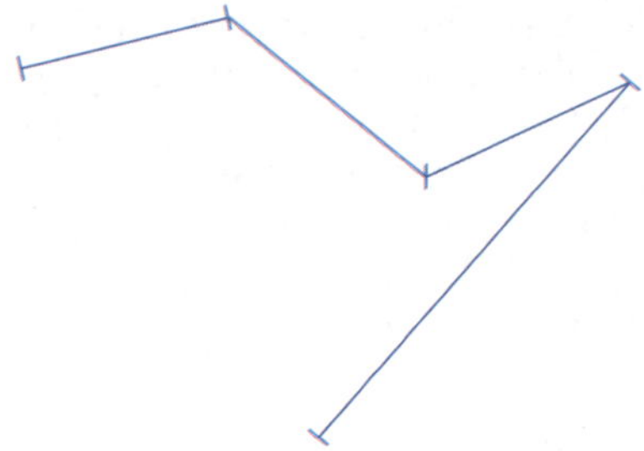

Corrigé commenté :
On trace une demi-droite.
Ensuite, on reporte, au compas, sur cette demi-droite, les unes à la suite des autres, les extrémités des segments qui ont même longueur que ceux qui constituent cette ligne brisée.

B La mesure de la longueur

1. Vers la définition

Pour démarrer *Vous disposez du segment ci-contre. Vous téléphonez à un de vos camarades pour qu'il construise un segment de même longueur. Que lui direz-vous ?*

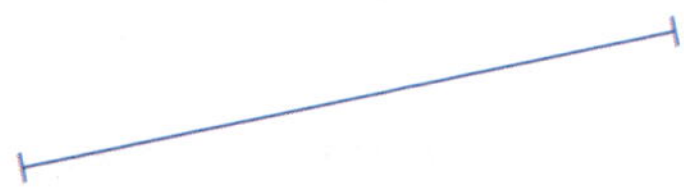

Réponse

1er cas : Vous et votre camarade disposez d'une même bande unité. Il est alors possible de lui indiquer combien de fois il faut reporter cette bande pour réaliser un segment de même longueur.

Il se peut que l'on n'arrive pas à un nombre exact de bandes unités. Dans ce cas, on peut replier cette bande et utiliser les fractions (cf. *Chapitre 2*).

Exemple : Si la bande unité est la bande ci-contre, alors la mesure du segment est 3 *u*.

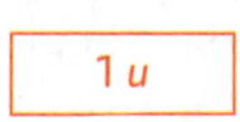

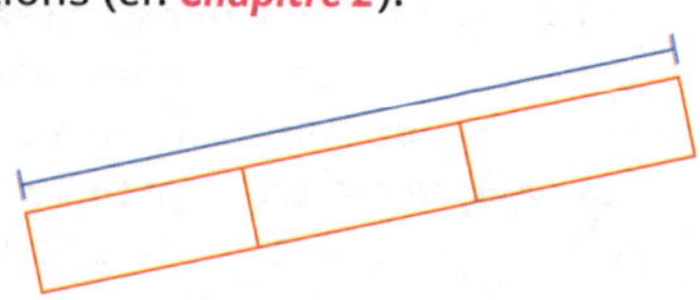

2e cas : Vous disposez tous les deux d'un double décimètre. Vous placez le zéro du double décimètre sur une extrémité du segment et vous lisez la graduation sur laquelle se trouve la seconde extrémité. Vous communiquez ensuite à votre camarade le nombre obtenu en précisant l'unité choisi.

Exemple : Ici, on lit 4 cm et 4 mm ou encore 4,4 cm.

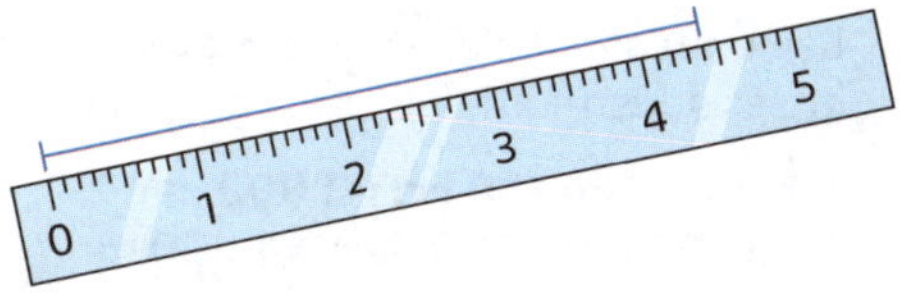

Dans les deux cas, on utilise une unité. Dans le 1er cas, c'est la bande unité et dans le 2nd cas, c'est le centimètre que l'on a partagé en 10. Dans ce 2nd cas, tout se passe comme si on avait aligné quatre bandes unités de 1 cm, plié une cinquième bande en 10 et pris 4 parts.
La mesure de la longueur du segment en centimètres (ou en cm) est le nombre $4 + \frac{4}{10} = 4,4$.

Définition Une unité étant choisie, **la mesure de la longueur d'un segment** est égale au nombre d'unités qu'il faut reporter pour réaliser le segment.
Ce nombre peut être entier, décimal (non entier), rationnel (non décimal), réel (non rationnel).

Conséquences
- Une mesure est un nombre.
- La mesure d'un segment dépend de l'unité choisie.

Exemple : Dans le 1er cas p. 174, la longueur est 3 *u* et la mesure avec l'unité *u* est 3 et dans le 2nd cas, la longueur est 4,4 cm et la mesure avec l'unité cm est 4,4.

! Attention aux abus de langage :
- *Un segment est égal à 3 cm.*

On devrait dire : « La longueur du segment est égale à 3 cm. »
- *La mesure de ce segment est de 3 cm.*

Une mesure est un nombre, donc on devrait dire : « La mesure en cm de ce segment est égale à 3. »

2. Les unités

Pendant très longtemps, les unités de mesure de longueur n'étaient pas stabilisées. Elles dépendaient des pays, voire même des régions.
De plus, certaines unités portaient le même nom d'une région à une autre mais n'étaient pas égales ! Et les sous-multiples n'étaient pas définis régulièrement.
C'est au moment de la Révolution française que s'est imposé, en France, puis dans le monde, le système métrique que nous connaissons.

Les unités usuelles sont **le mètre** (ou **m**) et ses multiples : **dam ; hm ; km** et ses sous-multiples : **dm ; cm ; mm.**

1 m = 10 dm= 100 cm = 1 000 mm
1 km = 10 hm = 100 dam = 1 000 m

EXERCICE D'APPLICATION

Effectuer les conversions suivantes.
a. 2,54 m = ... cm   b. 546,3 m = ... hm   c. 25 mm = ... m   d. 3,4 cm = ... m

Corrigé commenté :
Pour effectuer ces conversions, on peut appliquer les correspondances ci-dessus ou utiliser un tableau de conversion.
a. On sait que 1 m = 100 cm, donc 2,54 m = 2,54 × 100 cm = 254 cm.
b. et c. Si on utilise un tableau de conversion, on place le chiffre des unités du nombre à convertir dans la colonne correspondante, pour 546,3 m, on place le 6 et la virgule dans la colonne des mètres, puis on écrit les autres chiffres. Pour exprimer la longueur avec une autre unité, on déplace la virgule dans la colonne de l'unité « visée », ici les hm et, si nécessaire, on complète avec des 0 (comme dans le cas de 25 mm = ... m).

km	hm	dam	m	dm	cm	mm
	5	4	6,	3		
	5,	4	6	3		
					2	5
			0,	0	2	5

Donc 546,3 m = 5,463 hm   et   25 mm = 0,025 m

Justification : Cette utilisation du tableau se justifie par les relations qu'il y a entre les unités de longueur : 1 m = 10 dm ; 1 dm = 10 cm ; ...
Le fait de passer des mètres aux hectomètres, signifie que l'unité du nombre passe des mètres aux hectomètres. Cela justifie aussi la façon dont on écrit le nombre dans ce tableau et la façon dont on déplace la virgule.

Remarque : Dans la pratique, on n'écrit qu'une ligne par conversion.

d. $1\,\text{cm} = \frac{1}{100}\,\text{m}$, donc $3{,}4\,\text{cm} = \frac{3{,}4}{100\,\text{m}} = 0{,}034\,\text{m}$

→ EXERCICES 1 à 4 p. 191

3. La distance entre deux points

Définition **La distance entre deux points** est la longueur du segment dont les extrémités sont ces deux points.
La distance entre deux points *A* et *B* est noté **AB**.

Exemple : La distance entre les points *A* et *B* est la longueur du segment [*AB*], c'est-à-dire 4 cm.

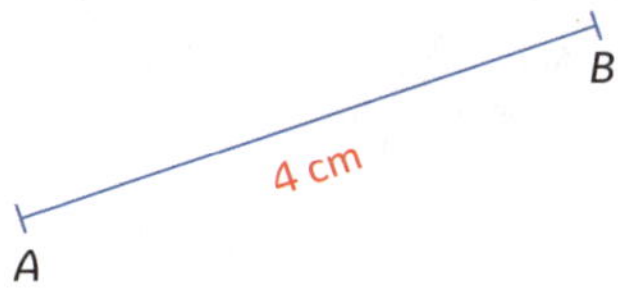

Pour démarrer **1** *Placer deux points A et B.*
Tracer le plus court chemin pour aller de A à B.

Réponse C'est le segment [*AB*].

Propriété De toutes les lignes qui joignent deux points *A* et *B*, celle qui a la plus petite longueur est le segment [*AB*].
Ce qui peut se traduire par : « **Le plus court chemin pour aller d'un point à un autre, c'est la ligne droite.** »

Pour démarrer **2** *Est-il possible de construire trois points A, B et C tels que AB = 10 cm, BC = 3 cm et AC = 5 cm ?*

Réponse Non, car il faudrait que $BC + AC > AB$, ce qui n'est pas le cas ici.

Conséquence Si on prend trois points quelconques du plan, non alignés, alors la distance entre deux d'entre eux est inférieure à la somme des distances de ces deux points au 3e point.

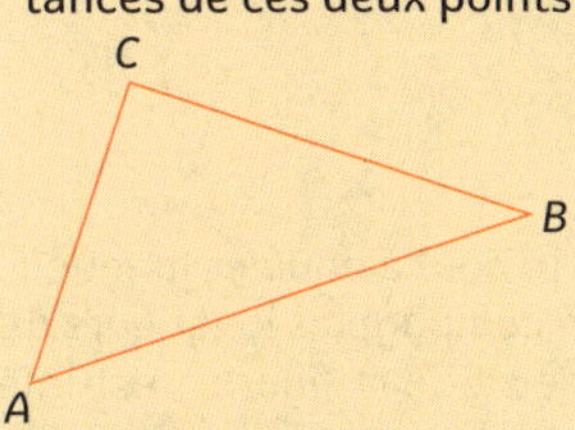

$AB < AC + CB$
$BC < BA + AC$
$AC < AB + BC$

Justification : Le plus court chemin pour aller de A à B est le segment $[AB]$. Le « chemin » qui passe par C est donc plus long, d'où la première inégalité : $AB < AC + CB$. On justifie de même les autres.

Propriété Si C est un point d'un segment $[AB]$, alors $\mathbf{AB = AC + CB}$.

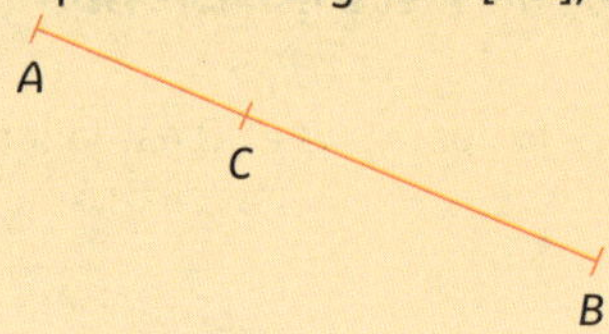

2 Qu'est-ce que le périmètre d'une figure ?

Définition On appelle **périmètre d'une figure**, la longueur de son contour.

Remarque : **Le contour** est une ligne fermée qui peut être une ligne brisée. C'est, par exemple, le cas pour un polygone.

Pour démarrer **a.** *En utilisant uniquement un compas et une règle non graduée, déterminer la figure qui a le plus grand périmètre.*
b. *Comment procéderiez-vous avec une règle graduée ?*

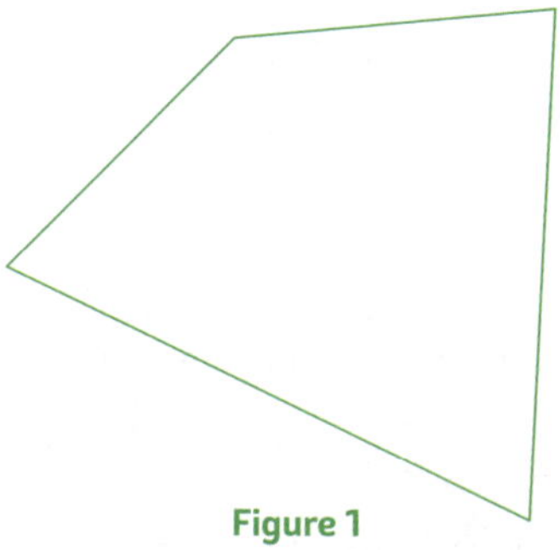

Figure 1

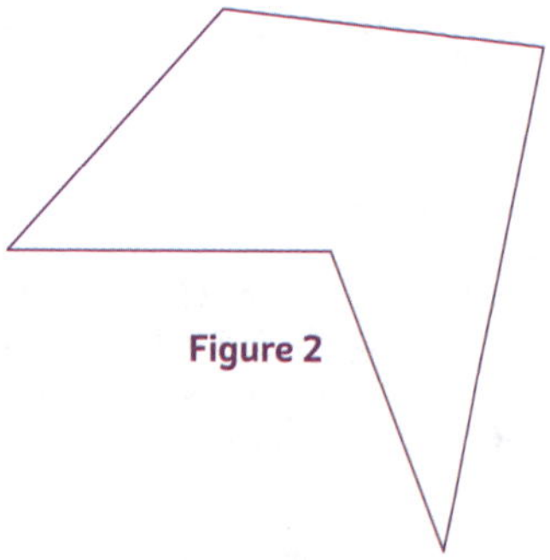

Figure 2

Réponses **a.** On trace une demi-droite et on reporte bout à bout les longueurs des côtés avec le compas. À la fin de ces reports, on compare les longueurs des segments obtenus. On constate ainsi que le périmètre de la figure 1 est inférieur au périmètre de la figure 2.

b. Avec la règle graduée, on ajoute les mesures de tous les côtés de la figure 1, on trouve 13,5 cm, puis on ajoute les mesures de tous les côtés de la figure 2, on trouve 14 cm.

Propriété **Pour calculer la mesure du périmètre d'un polygone**, il suffit d'ajouter les mesures des longueurs des côtés en s'assurant qu'elles sont bien exprimées dans la même unité.

Pour calculer le périmètre de certaines figures qui ne sont pas des polygones, on dispose de formules. C'est, par exemple, le cas du cercle.

Propriété **Le périmètre du cercle de rayon r** est égal à :
$2 \times \pi \times r$ ou encore $\pi \times d$, où d est le diamètre du cercle ($d = 2r$).

Remarque : On utilise aussi des formules pour calculer le périmètre du carré et du rectangle, mais ces formules ne sont pas nécessaires.

EXERCICE D'APPLICATION

Tracer un cercle de rayon 5 cm. Calculer le périmètre de ce cercle.
Vérifier avec un fil, le résultat trouvé.

Corrigé commenté : On trouve environ 31,4 cm.

3 Qu'est-ce que l'aire d'une surface ?

A Définition de l'aire

Pour démarrer **a.** *On désire recouvrir ces deux rectangles en carton à l'aide de papier décoratif. Quel est celui qui nécessitera le plus de papier ? On ne dispose d'aucun instrument de mesure.*

rectangle 1

rectangle 2

b. *Même question avec ces deux rectangles.*

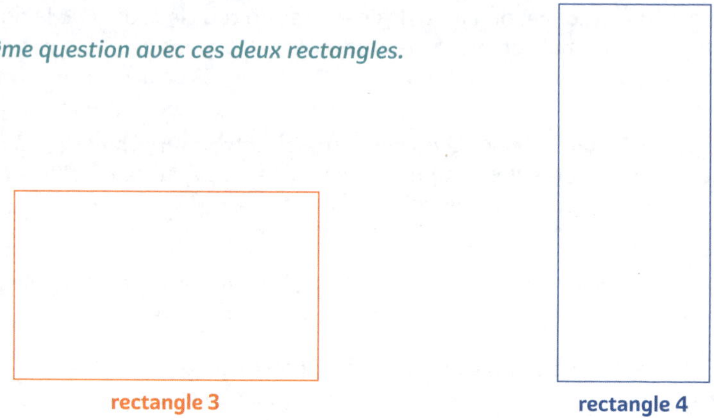

Réponses

a. Pas de difficulté pour cette question, car le rectangle 1 peut être placé sur le rectangle 2 de façon à ce qu'il soit inclus dans ce rectangle.

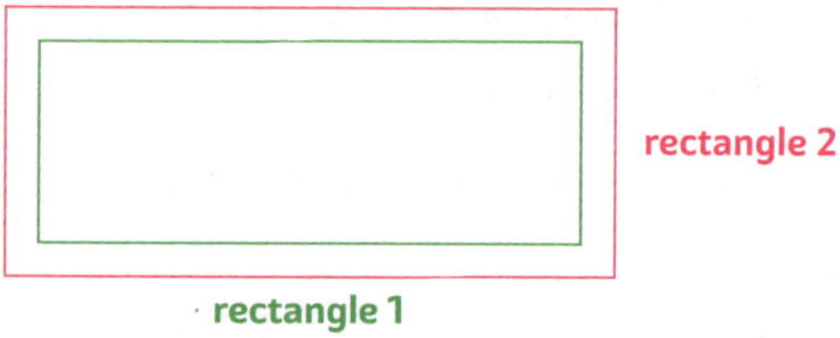

C'est donc le rectangle 2 qui nécessite le plus de papier décoratif.

b. On ne peut pas faire « rentrer » un rectangle dans l'autre rectangle. Par contre, on peut découper le rectangle 3 comme sur le dessin ci-contre.

Le rectangle ainsi obtenu peut être parfaitement superposé sur le rectangle 4. On peut donc conclure que les rectangles 3 et 4 nécessitent la même quantité de papier.

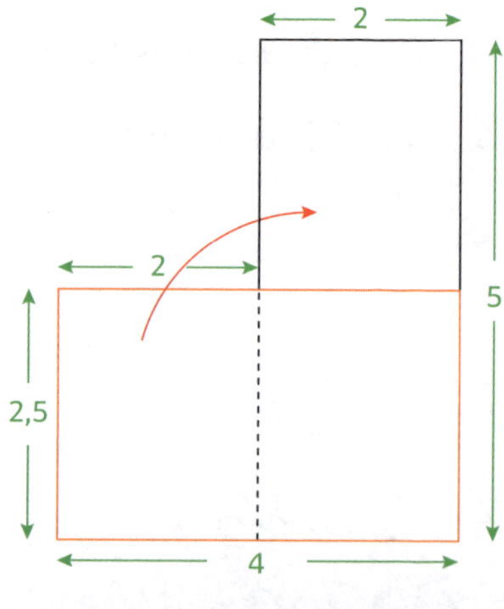

Définition **L'aire d'une surface**[2] est définie par deux relations :

- **La relation « a même aire que » qui peut se définir ainsi :** « Une surface *S* a même aire qu'une surface *S′*, si elles se superposent exactement, éventuellement après découpage, déplacement et recollement. »
- **La relation « a une aire plus grande que » qui peut se définir ainsi :** « Une surface *S* a une aire plus grande qu'une surface *S′*, si la surface *S′* peut être incluse dans la surface *S*, éventuellement après découpage, déplacement et recollement. »

Ces deux relations possèdent chacune la propriété de **transitivité :**

Propriétés Quelles que soient les surfaces *S*, *S′* et *S″* :

- Si *S* a une aire égale à celle de *S′* et si *S′* a une aire égale à celle de *S″*, alors *S* et *S″* ont la même aire.
- Si *S* a une aire plus grande que celle de *S′* et si *S′* a une aire plus grande que celle de *S″*, alors *S* a une aire plus grande que celle de *S″*.

! On constate donc que pour définir la notion d'aire d'une surface, on n'utilise pas la notion de mesure.

→ EXERCICE 5 p. 191

B La mesure de l'aire

1. Définition

Pour démarrer *Imaginez que vous deviez comparer l'aire d'une surface que vous possédez avec l'aire d'une surface que possède l'un de vos camarades. Il ne vous est pas possible de comparer ces deux aires par superposition.* ***Comment allez-vous procéder ?***

Réponse

Il n'y a qu'une solution, vous disposez chacun d'une surface unité identique et chacun compte le nombre de surfaces unités nécessaires pour recouvrir exactement sa surface.
Il ne reste plus qu'à comparer les nombres obtenus.

2. Une surface plane est l'ensemble des points du plan délimité par une courbe fermée.

Définition Une surface unité étant choisie, on appelle **mesure de l'aire d'une surface** donnée, le nombre de surfaces unités nécessaires pour recouvrir exactement cette surface.
Ce nombre peut être entier, décimal, rationnel (non décimal), réel (non rationnel).

Exemples : Si on prend comme unité le carré (1), alors la mesure de l'aire du rectangle est égale à 10 u.
Si on prend comme unité le triangle (2), alors la mesure de l'aire du rectangle est 20 u.

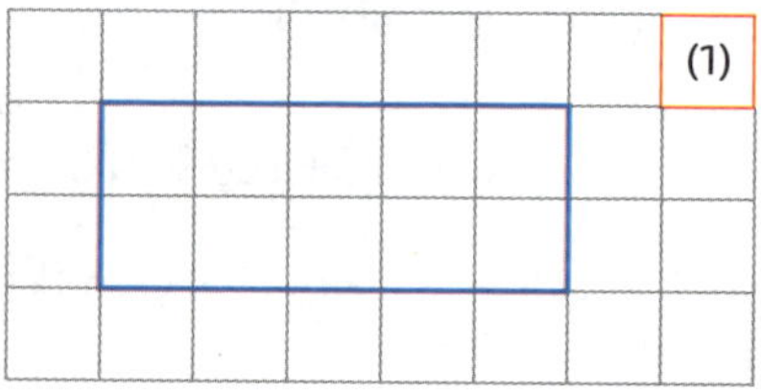

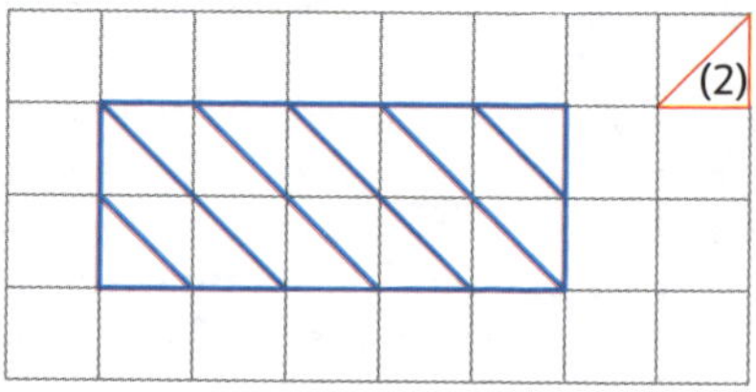

Parfois, il est nécessaire de découper l'unité :

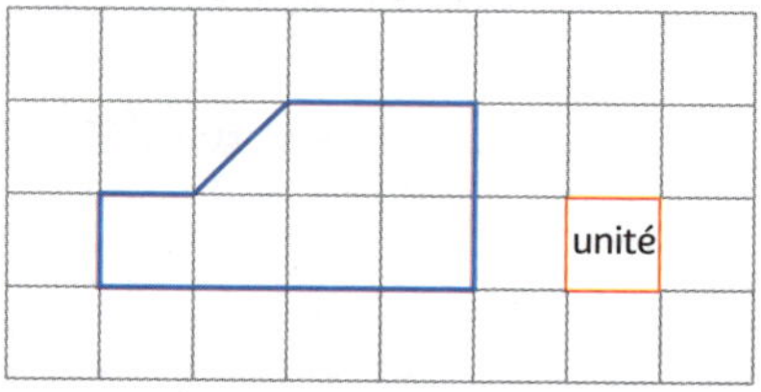

Si on prend comme unité le carré.
La mesure de l'aire de la figure ci-contre est égale à :

$6\ u + \frac{1}{2}\ u = 6,5\ u$

Parfois, le découpage est plus complexe : On peut constater que l'aire de ce triangle rectangle est égale à la moitié de l'aire d'un rectangle de 5 sur 3 (on prend, comme unité de longueur, la longueur du côté du carré unité).
Donc la mesure de l'aire du triangle rectangle est égale à $5 \times 3 : 2 = 7,5$.

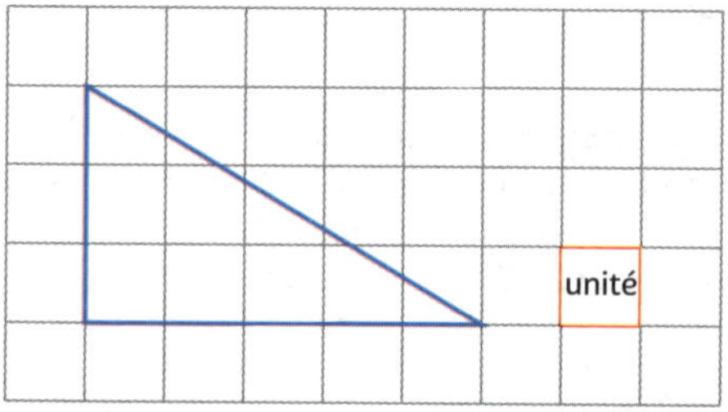

2. Les unités

Les unités conventionnelles d'aire sont des carrés dont la longueur des côtés correspond aux unités conventionnelles de longueur :
1 m^2 est l'aire d'un carré de côté de longueur 1 m.
1 dm^2 est l'aire d'un carré de côté de longueur 1 dm.
1 cm^2 est l'aire d'un carré de côté de longueur 1 cm.
1 mm^2 est l'aire d'un carré de côté de longueur 1 mm.

Quelles sont les relations entre ces unités ?
Il faut 100 carrés de côté de longueur 1 mm pour recouvrir exactement un carré de côté de longueur 1 cm, donc 1 cm^2 = 100 mm^2.
De même 1 dm^2 = 100 cm^2 ; 1 m^2 = 100 dm^2 ; 1 a = 1 dam^2 = 100 m^2 ;
1 ha = 1 hm^2 = 100 a et 1 km^2 = 100 hm^2.

EXERCICE D'APPLICATION

Effectuer les conversions suivantes.
a. 25,3 m^2 = ... cm^2 **b.** 4 500 a = ... km^2 **c.** 0,052 ha = ... m^2

Corrigé commenté : Pour effectuer ces conversions, on peut utiliser le tableau de conversion ci-dessous ou appliquer directement les formules liant les différentes unités.
a. On place le nombre dans le tableau en commençant par le chiffre des unités et la virgule dans la colonne de droite de l'unité de départ, ici, le 5 dans la colonne de droite des m^2, puis on écrit le reste du nombre. Pour écrire l'aire avec une autre unité, on place la virgule dans la colonne de droite de l'unité « visée », il s'agit ici des cm^2. Si nécessaire, on complète avec des zéros.

km^2		hm^2 (ha)		dam^2 (a)		m^2		dm^2		cm^2		mm^2	
						2	5	3	0	0	0 ,		

Donc 25,3 m^2 = 253 000 cm^2

Justification : La présence de deux colonnes par unité se justifie par les relations entre les différentes unités : 1 m^2 = 100 dm^2 ; 1 dm^2 = 100 cm^2 ; .... Le fait de passer des m^2 aux cm^2 signifie que l'unité du nombre passe des m^2 au cm^2. Cela justifie la façon dont on écrit le nombre dans ce tableau et la façon dont on déplace la virgule.
b. 1 km^2 = 10^4 a, donc 1 a = 0,0001 km^2
donc 4 500 a = 4 500 × 0,0001 km^2 = 0,4500 km^2
c. 1 ha = 10^4 m^2, donc 0,052 ha = 0,052 × 10^4 m^2 = 520 m^2

→ EXERCICES 6 à 8 p. 191 et 192

C Aires de figures particulières

1. Aire d'un rectangle

Pour démarrer **a.** *Déterminer l'aire en cm² d'un rectangle de 4 cm par 3 cm.*
b. *Déterminer l'aire en cm² d'un rectangle de 2,7 cm par 1,8 cm.*

Réponse **a.** Si on trace un rectangle de 4 cm par 3 cm, on voit sans peine qu'il faut 12 carrés de 1 cm² pour le recouvrir.
Son aire est donc de 12 cm².

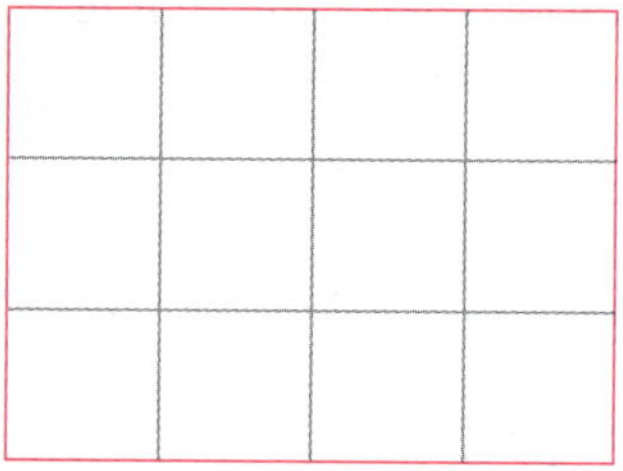

On peut trouver ce résultat en effectuant 3 cm × 4 cm.

b. Pour ce rectangle, le quadrillage avec des carrés de 1 cm est complexe, car il faut découper ces carrés unités.
On peut passer à des carrés de côté 1 mm.
Dans la longueur, on peut faire « tenir » 27 de ces carrés (2,7 cm = 27 mm) et dans la largeur 18 (1,8 cm = 18 mm).
Il faut donc 27 × 18 = 486 carrés de 1 mm de côté pour recouvrir ce rectangle.
Son aire est donc de 486 mm², soit 4,86 cm².
On constate qu'on obtient encore l'aire en multipliant la longueur par la largeur (2,7 × 1,8 = 4,86).
C'est vrai pour tous les nombres réels.

Propriété **L'aire d'un rectangle** est égale au produit de sa longueur et de sa largeur :

Aire (rectangle) = $L \times \ell$, où L est la longueur et ℓ la largeur.

! Il faut évidemment que la longueur et la largeur soient exprimées dans la même unité et que cette unité soit « cohérente » avec l'unité de la mesure de l'aire. Par exemple, si on choisit le cm² comme unité d'aire, l'unité de mesure des longueurs doit être le cm.

2. Aire d'un triangle

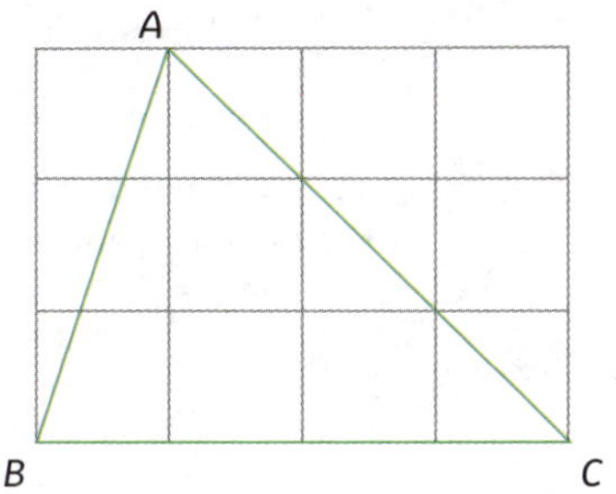

Pour démarrer *On considère le triangle ci-contre, calculer son aire.*
Les carrés ont des côtés de 1 cm de long.

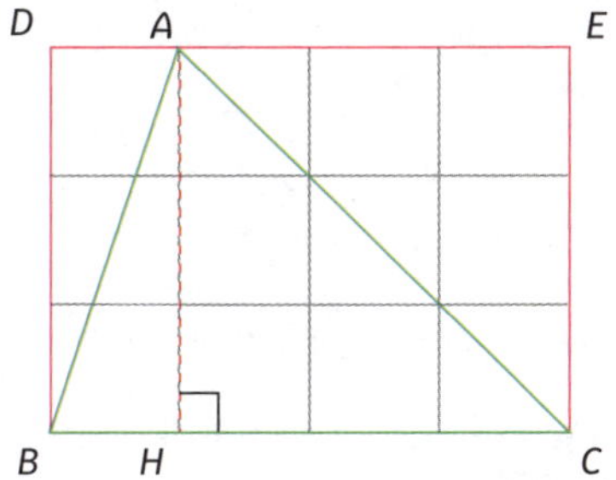

Réponse Il y a plusieurs méthodes pour calculer cette aire.
On peut, par exemple, « enfermer » ce triangle dans un rectangle dont l'aire est le double de l'aire du triangle.
On construit le rectangle $BCED$ dont un côté « contient » le sommet A.
L'aire du triangle ADB (notée Aire (ADB)) est égale à Aire (ABH) (les deux triangles sont superposables).
Aire (AHC) = Aire (ACE)
(Les deux triangles sont superposables).
Or Aire (ABC) = Aire (ABH) + Aire (AHC)
Donc Aire (ABC) = Aire (ADB) + Aire (ACE)
Or Aire ($BCED$) = Aire (ABC) + Aire (ADB) + Aire (ACE)
Donc Aire ($BCED$) = 2 × Aire (ABC)
Donc Aire (ABC) = $\frac{1}{2}$ × Aire ($BCED$)
Or Aire ($BCED$) = $BC \times DB = BC \times AH$, car $DB = AH$
Donc Aire (ABC) = $\frac{1}{2} \times BC \times AH = 6 \text{ cm}^2$

Cette méthode est évidemment généralisable à tout triangle. [BC] est un côté du triangle et (AH) est la droite perpendiculaire à ce côté qui passe par le sommet opposé. C'est la hauteur du triangle ABC issue du sommet A.

Définition On appelle **hauteur** dans un triangle, une droite perpendiculaire à un côté qui passe par le sommet opposé.

Conséquence **Dans un triangle, il y a trois hauteurs.**

Propriété **L'aire d'un triangle** est égale au demi-produit de la longueur d'un côté par la longueur de la hauteur correspondante.

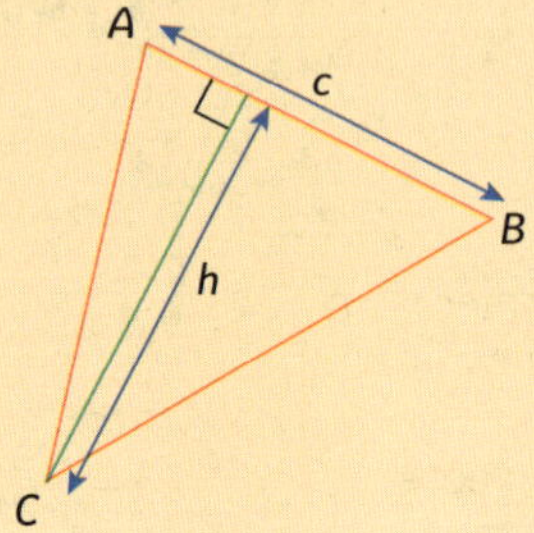

$$\textbf{Aire}\ (ABC) = \frac{c \times h}{2}$$

Dans ce cas, le terme « hauteur » désigne un segment et non une droite.

Remarque : Comme il y a trois hauteurs, on peut calculer de trois façons différentes l'aire d'un triangle.

EXERCICES D'APPLICATION

1 **Tracer un triangle *DEF* tel que *DE* = 4 cm; *EF* = 5,5 cm et *DF* = 5 cm. Tracer ensuite les trois hauteurs de ce triangle.**

Corrigé commenté :

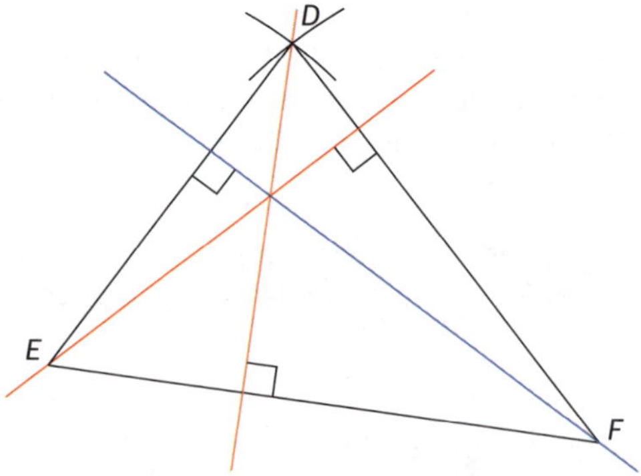

Remarque : Les trois hauteurs sont concourantes.

2 **Tracer le triangle *ABC* tel que *AB* = 6 cm, *BC* = 3 cm et *AC* = 4 cm. Tracer ensuite les trois hauteurs de ce triangle.**

Corrigé commenté :
Pour tracer la hauteur issue de *A* et de *B*, il faut prolonger les côtés [*BC*] et [*AC*].

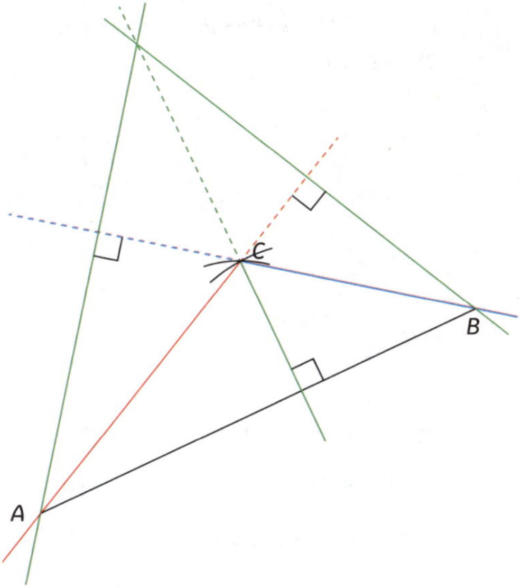

Dans certains triangles, les hauteurs peuvent « sortir » du triangle.

3 **Calculer l'aire du triangle *DEF* de l'exercice 1 et l'aire du triangle *ABC* de l'exercice 2 en utilisant trois méthodes.**

Corrigé commenté : Aire (*DEF*) ≈ 9,6 cm² et Aire (*ABC*) ≈ 5,4 cm².

4 Un triangle a une aire de 24 cm². Un de ses côtés mesure 5 cm.
Quelle est la longueur de la hauteur *h* correspondant à ce côté ?

Corrigé commenté :
Pour résoudre un type de problème qui s'appuie sur une formule, on peut :

1re étape : Écrire la formule, ici, Aire (Triangle) = $\frac{c \times h}{2}$

2e étape : Remplacer chaque variable de cette formule par les valeurs connues : $24 = \frac{5 \times h}{2}$

3e étape : Résoudre l'équation ainsi obtenue (cf. *Chapitre 9*).

$2 \times 24 = 5 \times h$, donc $48 = 5 \times h$, donc $h = \frac{48}{5} = 9{,}6$.

Donc en cm la hauteur mesure 9,6.

3. Aire d'un disque

Propriété **L'aire d'un disque** est égale au produit du carré de son rayon par π.

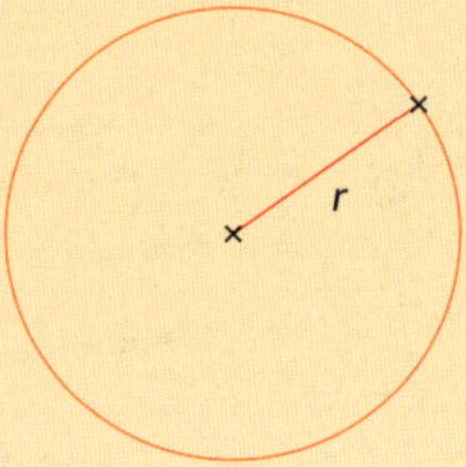

Aire(Disque) = $\pi \times r^2$

EXERCICE D'APPLICATION

Calculer l'aire d'un disque de diamètre 6 cm.

Corrigé commenté : Son rayon est de 3 cm.
En cm^2, la mesure de son aire est de $\pi \times 3^2 = 9\pi \approx 28{,}3$ cm^2.
Pour les aires des autres figures usuelles, nous renvoyons à l'ouvrage « *Hatier Concours Tome 1* » p. 471 et suivantes.

4 Y a-t-il un lien entre aire et périmètre d'une figure ?

Ces deux grandeurs sont associées à un même objet, la surface. Mais elles sont bien différentes, comme le montre l'activité ci-dessous.

Pour démarrer

1. *Vrai ou faux ?*
« Plus l'aire d'un rectangle est grande, plus son périmètre est grand. »

2. *On dispose des deux rectangles A et B ci-dessous.*
On les associe pour construire la figure C.
a. ***Déterminer l'aire de A, de B et de C.***
Y a-t-il un lien entre l'aire de C et celles de A et B ?
b. ***Déterminer le périmètre de A, de B et de C.***
Y a-t-il un lien entre le périmètre de C et ceux de A et B ?

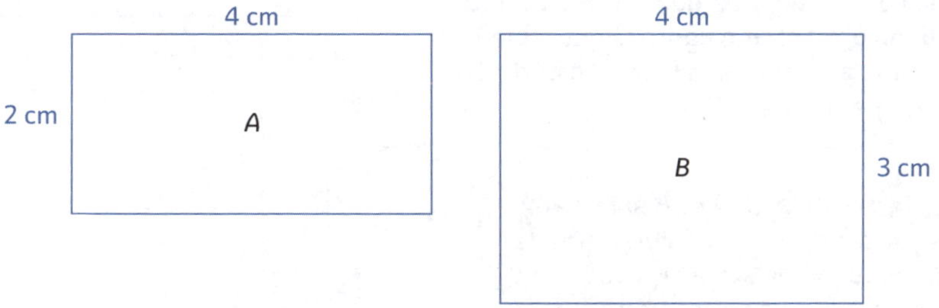

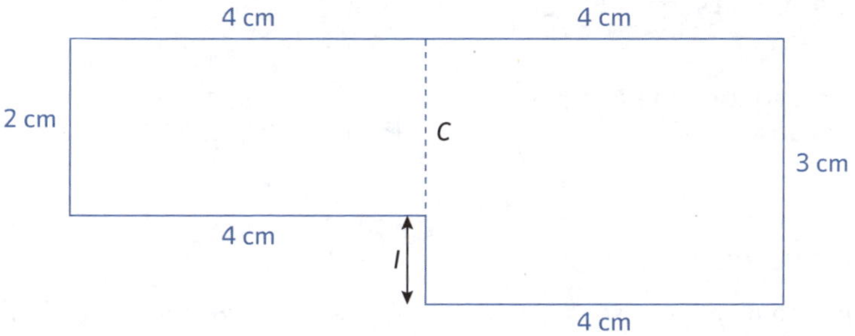

Réponses

1. C'est faux.

Exemple :

Rectangles	Dimensions	Aires	Périmètres
A	12 cm par 3 cm	36 cm^2	30 cm
B	8 cm par 5 cm	40 cm^2	26 cm

2. a. et **b.**

	Aires	Périmètres
Rectangle *A*	8 cm^2	12 cm
Rectangle *B*	12 cm^2	14 cm
Figure *C*	20 cm^2	22 cm

Remarque : l = 3 cm – 2 cm = 1 cm

Aire (C) = Aire (A) + Aire (B)
Par contre : Périmètre (C) ≠ Périmètre (A) + Périmètre (B)

D'ailleurs, si on change la disposition de *A* et *B*, on obtient une figure *C'* qui a, bien sûr, la même aire mais pas le même périmètre. *C* a un périmètre de 18 cm.

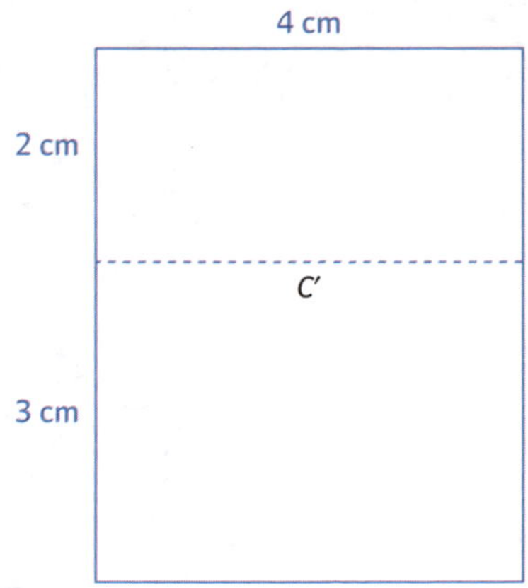

Propriété Si *A* et *B* sont deux surfaces disjointes[3], alors l'aire de la réunion des surfaces *A* et *B* est égale à la somme des aires de la surface *A* et de la surface *B*.

! Cette propriété est fausse pour le périmètre.

▪ EXERCICE D'APPLICATION

On place, comme ci-dessous, l'un contre l'autre, un carré d'aire 9 cm² et un rectangle d'aire 15 cm².

Le dessin n'est pas en vraie grandeur.

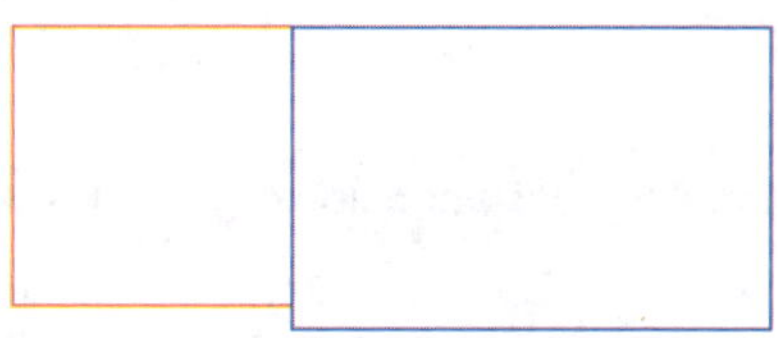

Calculer, si possible, l'aire et le périmètre de la figure obtenue.

Corrigé commenté :

L'aire est égale à la somme des aires des deux quadrilatères :

$9 \text{ cm}^2 + 15 \text{ cm}^2 = 24 \text{ cm}^2$

On ne peut pas calculer le périmètre, car on ne connait pas la largeur du rectangle.

→ EXERCICES 9 à 15 p. 192 et 193

3. Cf. *Chapitre 3*

S'ENTRAINER

Convertir des unités de longueur

1 Effectuer ces conversions.

a. 25,4 m = ... cm
b. 34 520 m = ... km
c. 32,4 hm = ... km
d. 2 451 mm = ... m
e. 3 451 cm = ... hm
f. 0,025 m = ... mm

2 Compléter.

a. 12,5 m = 12,5 ×... cm
b. 25 400 m = 25 400 × ... km
c. 34,5 m = 34,5 × ... mm

3 En astronomie, on utilise l'année lumière.
C'est la distance parcourue par la lumière en une année.
On sait que la lumière se déplace à la vitesse de 300 000 km/s.
Convertir l'année lumière en km.

4 Dans l'antiquité, les unités se rapportaient, en général, aux dimensions du corps de l'Homme : le pouce ou le doigt, la palme ou l'empan, la coudée, le bras. Certaines de ces unités sont encore utilisées dans certains pays, comme la Grande-Bretagne :
Le pouce vaut 2,54 cm, le pied vaut 12 pouces et le yard vaut 3 pieds.

a. **Convertir en mètres : 12 yards, 2 pieds et 5 pouces.**
b. **Convertir en pouces, pieds et yards : 774,7 cm.**

Comparer des aires

5 Dans chaque cas, comparer l'aire des deux rectangles par découpage et recollement en effectuant un minimum de découpages.
Expliquer votre méthode.

a. **Rectangle (1) :** 12 cm par 8 cm — **Rectangle (2) :** 15 cm par 6 cm
b. **Rectangle (3) :** 7 cm par 5 cm — **Rectangle (4) :** 6 cm par 6 cm

Convertir des unités d'aire

6 Effectuer ces conversions.

a. 5,4 m^2 = ... cm^2
b. 4 570 m^2 = ... km^2
c. 37,8 ha = ... km^2
d. 8 452 mm^2 = ... m^2
e. 4,5 a = ... dm^2

7 Compléter.

a. 25,4 ha = 254 000 ... b. 35 400 cm² = 3,54 ... c. 4,5 ... = 45 000 a

8 Compléter.

a. 4,5 km² = 4,5 × ... m²

b. 0,054 m² = 0,054 × ... cm²

c. 25,8 ha = 25,8 × ... km²

Calculer des aires et des périmètres

9 Tracer un triangle dont les longueurs des côtés mesurent respectivement 3 cm, 5 cm et 7 cm.
Calculer de trois façons différentes l'aire de ce triangle.

10 Calculer, si possible, l'aire et le périmètre de chaque figure.

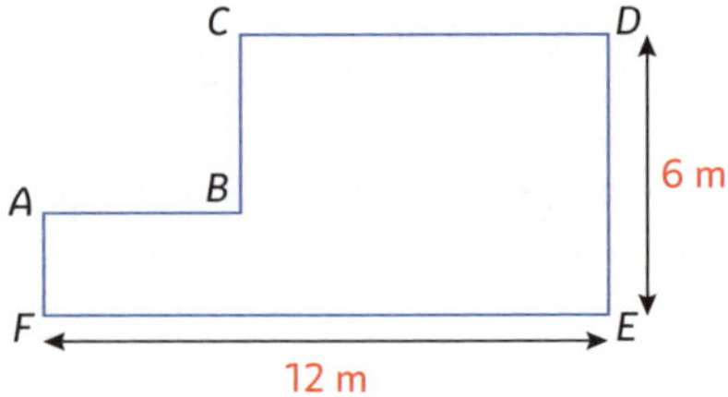

Figure 1

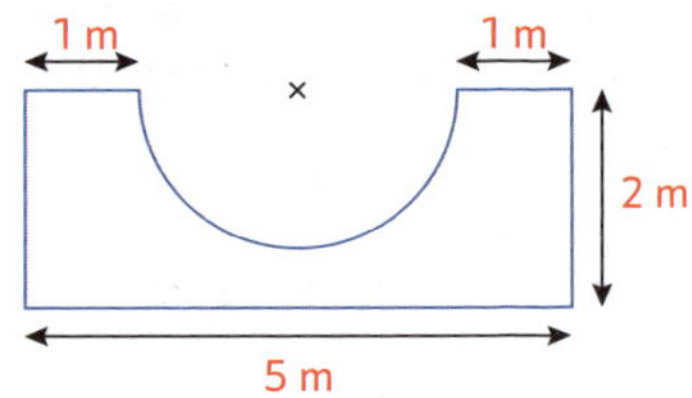

Figure 2

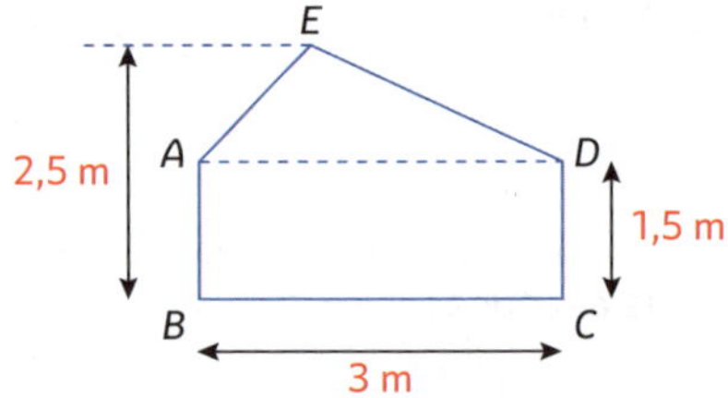

Figure 3

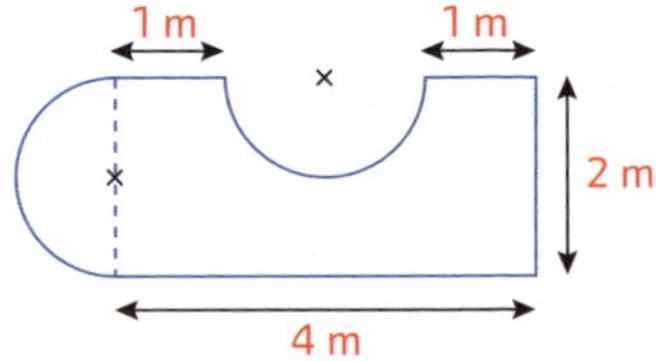

Figure 4

11 *Le dessin n'est pas en vraie grandeur.*
On déplace, comme indiqué ci-contre, le triangle équilatéral contre le carré pour former une nouvelle figure.
Le périmètre du carré est de 16 cm et celui du triangle équilatéral est de 12 cm.
Quel est le périmètre de la nouvelle figure ?

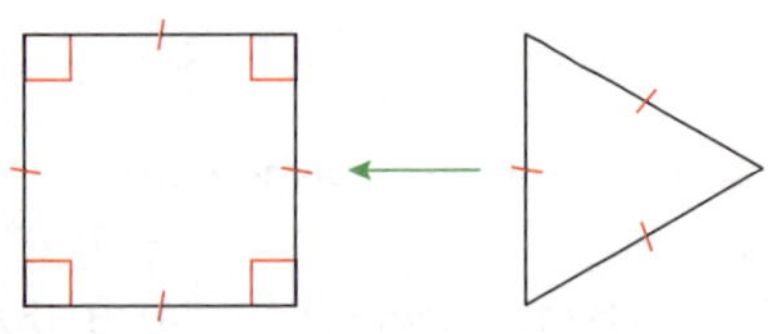

12 **Calculer l'aire d'un triangle rectangle dont les côtés de l'angle droit mesurent 5 cm et 4 cm.**

13 **En utilisant les indications données, calculer l'aire de chaque triangle *ABC* et *DEF*.**

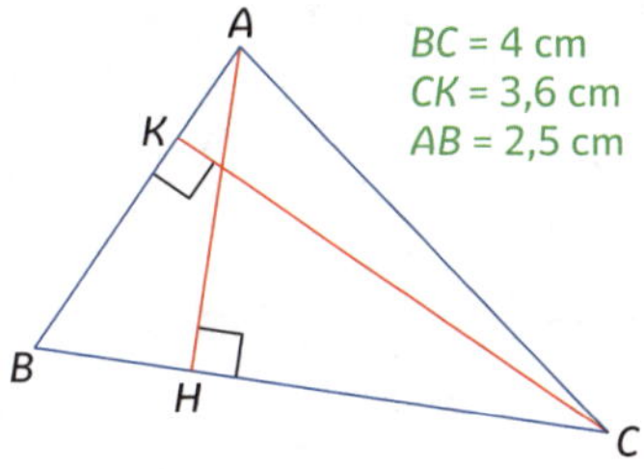

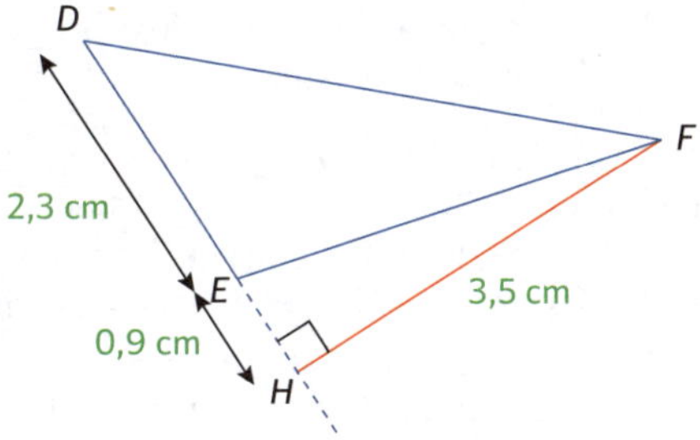

14 **Calculer le rayon d'un cercle d'aire 28,27 cm².**

15 **Calculer, si possible, la longueur de la hauteur [*FK*].**

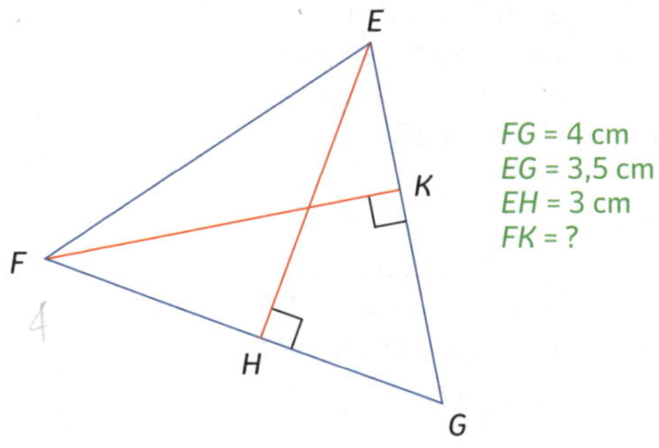

CORRIGÉS

1 **a.** 25,4 m = **2 540** cm **c.** 32,4 hm = **3,24** km **e.** 3 451 cm = **0,3451** hm
b. 34 520 m = **34,520** km **d.** 2 451 mm = **2,451** m **f.** 0,025 m = **25** mm

2 **a.** 12,5 m = 12,5 × 10² cm
b. 25 400 m = 25 400 × 0,001 km
c. 34,5 m = 34,5 × 10³ mm

3 Dans une année, il y a environ 365 jours, donc 365 j = 365 × 24 h = 8 760 h.
8 760 h = 8 760 × 3 600 s = 31 536 000 s
31 536 000 s × 300 000 km/s = $3{,}1536 \times 10^7 \times 3 \times 10^5$
$= 3{,}1536 \times 3 \times 10^7 \times 10^5$
$= 9{,}4608 \times 10^{12}$ km
Ainsi, une année lumière, c'est environ : 9 461 000 000 000 km, soit 9 461 milliards de km.

4 **a.** Un pied vaut donc 2,54 cm × 12 = 30,48 cm
Un yard vaut : 30,48 cm × 3 = 91,44 m
12 yards, 2 pieds et 5 pouces est donc égal à :
12 × 91,44 cm + 2 × 30,48 cm + 5 × 2,54 cm = 1 170,94 cm, soit environ 11,71 m.

b. 774,7 cm : 2,54 cm = 305 pouces
305 pouces = 25 pieds et 5 pouces (division euclidienne de 305 par 12).
25 pieds = 8 yards et 1 pied (division euclidienne de 25 par 3).
Donc 774,7 cm est égal à 8 yards, 1 pied et 5 pouces.

5 **a.** On découpe le rectangle (1) en deux rectangles de 6 cm par 8 cm. On recolle ces deux morceaux pour faire un rectangle de 16 cm sur 6 cm. Cela permet de constater que le rectangle (2) est inclus dans le rectangle ainsi obtenu.
Donc aire (2) < Aire (1).

b. On découpe le rectangle (3) comme indiqué ci-contre et on déplace le rectangle hachuré pour former la figure *ABCDEF*.
La surface *ABCDEF* est incluse dans le rectangle (4).
Donc Aire (3) < Aire (4).

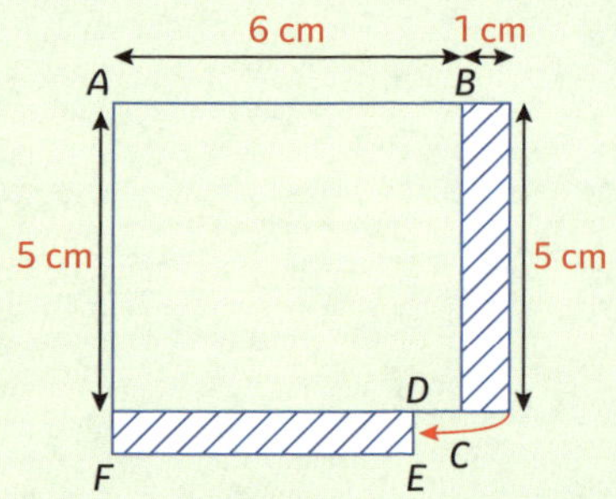

6 **a.** 5,4 m² = **54 000** cm²
b. 4 570 m² = **0,00457** km²
c. 37,8 ha = **0,378** km²
d. 8 452 mm² = **0,008452** m²
e. 4,5 a = **45 000** dm²

7 **a.** 25,4 ha = 254 000 **m²** **b.** 35 400 cm² = 3,54 **m²** **c.** 4,5 **km²** = 45 000 a

8 **a.** 4,5 km² = $4{,}5 \times 10^6$ m²
b. 0,054 m² = $0{,}054 \times 10^4$ cm²
c. 25,8 ha = 25,8 × 0,01 km²

9 On trouve environ 6,5 cm² les trois fois.

10 **Figure 1 :** Il n'est pas possible de calculer l'aire de la figure 1, car on ne connait pas la longueur des segments AF et AB.
Par contre, il est possible de calculer son périmètre. En effet, on ne connait ni AF, ni BC mais on sait que $AF + BC = 6$ m.
De même, on ne connait ni AB, ni CD mais on sait que $AB + CD = 12$ m.
En m, périmètre (Figure 1) = $(12 + 6) \times 2 = 36$

Figure 2 :
Aire (Figure 2) = Aire (Rectangle de 5 m sur 2 m) – Aire (Demi-disque)
Or en m², Aire (Rectangle de 5 m sur 2 m) = $5 \times 2 = 10$

Et en m², Aire (Demi-disque) = $\dfrac{\text{Aire (Disque)}}{2} = \pi \times \dfrac{r^2}{2}$

avec en m, $r = \dfrac{(5-(1+1))}{2} = 1{,}5$

Aire (Demi-disque) = $\pi \times \dfrac{1{,}5^2}{2}$

Donc en m², Aire (Figure 2) = $10 - \pi \times \dfrac{1{,}5^2}{2} \approx 6{,}47$

Périmètre (Figure 2) = 5 m + 2 m + 1 m + 1 m + 2 m + Périmètre (Demi-disque)

Or Périmètre (Demi-disque) = $\pi \times \dfrac{d}{2}$, avec en m, $d = 5 - (1 + 1) = 3$

Donc Périmètre (Demi-disque) = $\pi \times \dfrac{3}{2}$

Donc Périmètre (Figure 2) = $11 + 3 \times \dfrac{\pi}{2}$

Donc en m, Périmètre (Figure 2) ≈ 15,7

Figure 3 :
Aire (Figure 3) = Aire (Rectangle $ABCD$) + Aire (Triangle AED)
Dans le triangle AED, la hauteur issue de E a une longueur de :
2,5 m – 1,5 m = 1 m
Donc Aire (Figure 3) = $3\text{ m} \times 1{,}5\text{ m} + 3\text{ m} \times \dfrac{1\text{ m}}{2} = 4{,}5\text{ m}^2 + 1{,}5\text{ m}^2 = 6\text{ m}^2$

On ne peut pas calculer le périmètre de la figure 3, car on ne connait pas les longueurs AE et ED.

Figure 4 :
Aire (Figure 4) = Aire (Rectangle de 4 m sur 2 m) = 8 m²
Périmètre (Figure 4) = 1 m + 1 m + 2 m + 4 m + périmètre (Cercle de diamètre 4 m – 2 × 1 m = 2 m)
Périmètre (Figure 4) = 8 m + 2 m × π ≈ 14,3 m

11 Un côté du carré ou du triangle équilatéral mesure 4 cm (16 : 4 ou 12 : 3).
Le contour de la figure obtenue est constitué de 5 côtés de 4 cm de long.
Le périmètre est donc égal à 20 cm.

! Le périmètre de la réunion des deux figures n'est pas la somme des périmètres de chacune des deux figures.

12 Dans un triangle rectangle, deux hauteurs coïncident avec les côtés de l'angle droit.
Le côté correspondant est l'autre côté de l'angle droit.
En cm^2 : Aire (Triangle rectangle) = (5 × 4) : 2 = 10

13 **Triangle *ABC*** : [*CK*] est une hauteur du triangle. Le côté correspondant est [*AB*].

Donc en cm^2 : $\text{Aire}(ABC) = CK \times \dfrac{AB}{2} = 3{,}6 \times \dfrac{2{,}5}{2} = 4{,}5$

Triangle *DEF* : [*FH*] est une hauteur et [*DE*] est le côté correspondant.

Donc en cm^2 : $\text{Aire}(DEF) = DE \times \dfrac{FH}{2} = 2{,}3 \times \dfrac{3{,}5}{2} = 4{,}025$

14 Soit r le rayon du cercle en cm, on a Aire(Cercle) = πr^2
Donc $\pi \times r^2 = 28{,}27$
Donc $r^2 = 28{,}27 : \pi$, donc $r^2 \approx 9$, donc $r \approx 3$.

15 [*FK*] est la hauteur du triangle correspondant au côté [EG].
On peut calculer l'aire de ce triangle :

En cm^2 : $\text{Aire}(EFG) = FG \times \dfrac{EH}{2} = 4 \times \dfrac{3}{2} = 6$

$\text{Aire}(EFG) = EG \times \dfrac{FK}{2}$, donc $6 = 3{,}5 \times \dfrac{FK}{2}$, donc $12 = 3{,}5 \times FK$, donc $FK = 12 : 3{,}5$,

donc $FK \approx 3{,}4$ cm.

CHAPITRE 9

Calcul littéral

- *Qu'est-ce que le calcul littéral ?*
- *À quoi sert le calcul littéral ?*
- *Que faut-il maitriser pour savoir utiliser le calcul littéral ?*
- *Comment résoudre des équations du 1er degré à une inconnue ?*
- *Comment utiliser les équations pour résoudre des problèmes ?*

→ FICHE SYNTHÈSE 9

COMPRENDRE

Contrairement aux précédents chapitres, les savoirs et savoir-faire développés ici ne renvoient pas à des objectifs enseignés à l'école primaire. Mais le calcul littéral est un outil mathématique indispensable pour résoudre un certain nombre d'exercices et de problèmes proposés au concours.

1 À quoi sert le calcul littéral ?

Comme son nom l'indique, **le calcul littéral** consiste à effectuer des calculs avec des lettres.

A Établir des formules

Pour démarrer *Pour n'importe quel carré quadrillé, on grise un certain nombre de carreaux comme ci-dessous.*
Trouver une méthode qui permet de calculer facilement le nombre de carreaux hachurés dès que l'on connait le nombre de carreaux sur un côté du carré.

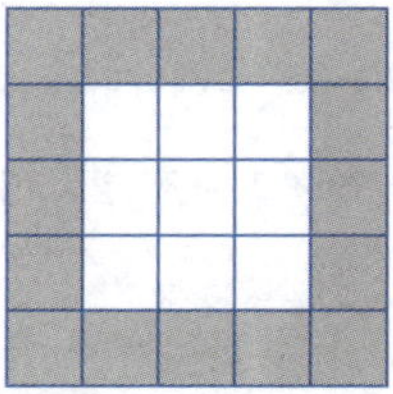

Réponse

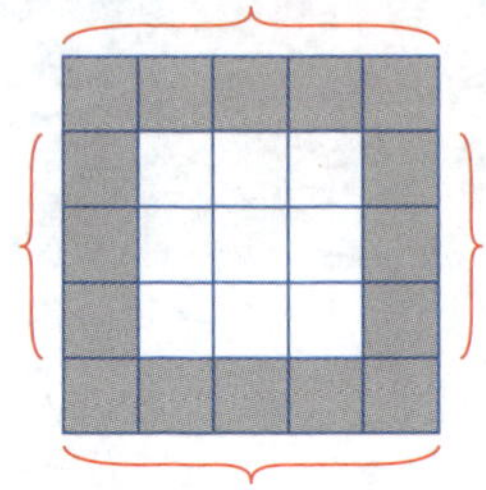

▶ **Méthode 1 :** On peut ajouter deux fois le nombre de carreaux sur un côté. Puis, à ce résultat, ajouter deux fois le nombre de carreaux sur un côté diminué de 2.
On peut exprimer ce calcul plus simplement en utilisant une lettre : soit n le nombre de carreaux sur un côté, le nombre de carreaux grisés est de :
$n + n + (n - 2) + (n - 2)$

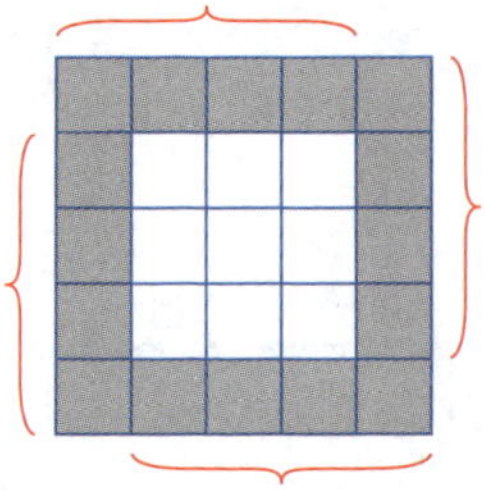

▶ **Méthode 2 :** On enlève 1 au nombre de carreaux sur un côté et on multiplie le résultat par 4.
Ce qui donne : soit n le nombre de carreaux sur un côté, $4 \times (n - 1)$

▶ **Méthode 3 :** On peut déterminer le nombre total de carreaux (égal au carré du nombre de carreaux sur un côté) auquel on enlève le nombre de carreaux blancs (égal au carré du nombre de carreaux sur un côté diminué de 2).
Ce qui donne : soit n le nombre de carreaux sur un côté, $n^2 - (n - 2)^2$

▶ **Méthode 4 :** On multiplie par 4 le nombre de carreaux sur un côté et on retranche 4, car on a compté deux fois les quatre carreaux des angles.
Ce qui donne : soit n le nombre de carreaux sur un côté, $4 \times n - 4$

Le calcul littéral est un outil mathématique qui permet d'établir des formules.

B Prouver des conjectures sur les nombres

Pour démarrer *Choisir un nombre, ajouter 4, multiplier le résultat par 3, retrancher le double du nombre choisi au départ et enfin retrancher 11.*
Faire des essais avec quelques nombres. Que constatez-vous ?
Ce constat est-il vrai quel que soit le nombre choisi ?

Réponse Voici les essais avec les nombres 1 ; 5 ; 15 ; $\frac{3}{4}$:

$(1 + 4) \times 3 - 2 \times 1 - 11 = \mathbf{2}$

$(5 + 4) \times 3 - 2 \times 5 - 11 = \mathbf{6}$

$(15 + 4) \times 3 - 2 \times 15 - 11 = \mathbf{16}$

$\left(\frac{3}{4} + 4\right) \times 3 - 2 \times \frac{3}{4} - 11 = \mathbf{\frac{7}{4}}$

On constate que l'on obtient le nombre choisi au départ auquel on ajoute 1.

Cette conjecture est-elle vraie quel que soit le nombre choisi ?

Pour le savoir, on peut remplacer, dans les calculs demandés, le nombre de départ par une lettre.
On appelle x le nombre choisi au départ :

Définition

Une conjecture est un constat qui semble vrai mais qui n'est pas prouvé. C'est l'équivalent de l'hypothèse dans les autres sciences. Les essais permettent seulement de conjecturer le résultat.

Étapes de calcul	Calcul
Choisir un nombre, ajouter 4	$x + 4$
Multiplier le résultat par 3	$(x + 4) \times 3$
Retrancher le double du nombre choisi au départ	$(x + 4) \times 3 - 2 \times x$
Retrancher 11	$(x + 4) \times 3 - 2 \times x - 11$

Il faut ensuite simplifier l'expression obtenue :

$(x + 4) \times 3 - 2 \times x - 11 = x \times 3 + 4 \times 3 - 2 \times x - 11$ *Propriété de la distributivité de la multiplication sur l'addition.*

$(x + 4) \times 3 - 2x - 11 = 3 \times x - 2 \times x + 4 \times 3 - 11$ *Propriétés de commutativité, d'associativité de l'addition et propriété de commutativité de la multiplication.*

$(x + 4) \times 3 - 2x - 11 = (3 - 2) \times x + 12 - 11$ *Propriété de la distributivité de la multiplication sur la soustraction.*

$(x + 4) \times 3 - 2x - 11 = x + 1$

On peut donc affirmer que, quel que soit le nombre choisi au départ, on trouve, une fois le calcul effectué, le nombre choisi au départ auquel on ajoute 1.
Cela suppose que lorsqu'on écrit le signe « = » entre deux expressions littérales, quelle que soit la valeur que l'on donne à la lettre, on obtient toujours le même résultat pour ces deux expressions.

Le calcul littéral est un outil mathématique qui permet de prouver des conjectures sur les nombres.

C Résoudre des problèmes qui consistent à trouver des nombres

Pour démarrer *Alicia et Léane choisissent un même nombre.*
Alicia ajoute 4 au nombre choisi et multiplie le résultat obtenu par 5.
Léane multiplie le nombre choisi par 2 et ajoute 25.
Elles trouvent le même résultat. ***Quel nombre ont-elles choisi ?***

Réponse On peut tenter de résoudre ce problème en essayant des nombres. Par exemple, si on essaie 2, Alicia trouvera 30 et Léane 29, ça ne convient pas, alors on essaie 3, etc.

Cette méthode peut s'avérer très longue et source d'erreurs.

Une autre possibilité est d'appeler x le nombre choisi par les deux filles et de déterminer, **en fonction de x**, le résultat trouvé par Alicia et Léane.

Alicia → $(4 + x) \times 5$

Léane → $2 \times x + 25$, avec $2 \times x$ noté $2x$ (cf. convention p. 201)

On a donc $(4 + x) \times 5 = 2x + 25$

On simplifie chacun des termes (ici, seul le 1er membre peut être simplifié) : $20 + 5x = 2x + 25$ (propriété de la distributivité de la multiplication sur l'addition)

Il faut maintenant trouver la valeur de x qui permet d'avoir l'égalité :
$20 + 5x = 2x + 25$, donc $20 + 5x - 2x = 2x + 25 - 2x$, donc $20 + 3x = 25$
donc $20 + 3x - 20 = 25 - 20$, donc $3x = 5$.

Donc $x = \frac{5}{3}$. Le nombre choisi est donc $\frac{5}{3}$.

Le calcul littéral est un outil mathématique qui permet de résoudre des problèmes qui consistent à déterminer un (ou plusieurs) nombres.

2 Que faut-il maitriser pour pouvoir utiliser le calcul littéral ?

A Savoir si deux expressions littérales sont égales

Définition **Deux expressions littérales sont égales** signifie que, quelle que soit la valeur que l'on donne à la lettre[1] (appelée **variable**), on obtient le même résultat.

1. On travaillera ici essentiellement avec des expressions ne contenant qu'une seule lettre.

Conséquence Une égalité entre deux expressions littérales sous-entend une infinité d'égalités numériques.

Conséquences Pour prouver que :
- **deux expressions littérales ne sont pas égales,** il suffit de trouver une valeur pour laquelle on n'obtient pas le même résultat pour les deux expressions. On dit que l'on a trouvé un **contre-exemple.**
- **deux expressions littérales sont égales**, il faut utiliser des propriétés.

EXERCICE D'APPLICATION

Soit $A = 4x + 7$ $B = 3(x + 6)$ $C = 3x + 18$
Quelles sont les expressions égales ?

Corrigé commenté : Pour $x = 1$, $A = 11$ et $B = 21$, donc on peut affirmer que A et B ne sont pas des expressions égales. **On a trouvé un contre-exemple.**
Par contre, pour $x = 1$, $C = 21$ comme B.
Pour $x = 2$, $B = 24$ et $C = 24$.
On ne peut pas, à partir de ce cas particulier, affirmer que $B = C$, car l'égalité doit être vérifiée quelle que soit la valeur donnée à x. Or, on ne peut pas essayer une infinité de valeurs, donc la seule façon de prouver que $B = C$ est de passer par des propriétés.
En appliquant la propriété de la distributivité de la multiplication par rapport à l'addition, on a :
$B = 3 \times (x + 6)$
$B = 3x + 3 \times 6$
$B = 3x + 18$ Donc $B = C$.

→ EXERCICE 1 p. 212

B Simplifier des expressions littérales

Conventions d'écriture Il n'est pas nécessaire d'écrire le signe « × » entre deux facteurs d'un produit dont au moins un facteur est une lettre ou une parenthèse.

Exemples : $3 \times a = 3a$ $a \times b = ab$ $5 \times (3 + a) = 5(3 + a)$ $a \times 6 = 6a$

Remarque : Dans le cas d'un produit d'une lettre par un nombre, il est préférable d'écrire le nombre en 1er pour éviter de confondre avec la puissance d'un nombre, par exemple, $a6$ peut être confondu avec a^6, on écrit donc $6a$, ce qui est possible puisque $a \times 6 = 6 \times a$.

Des propriétés de la multiplication

- 1 est un élément neutre de la multiplication : $\mathbf{1a = a}$
- 0 est un élément absorbant : $\mathbf{0a = 0}$
- La multiplication est commutative : $\mathbf{ab = ba}$
- La multiplication est distributive par rapport à l'addition/soustraction :
  $\mathbf{a(b + c) = ab + ac}$ et $\mathbf{a(b - c) = ab - ac}$
- $\mathbf{(-1)a = -a}$ $\mathbf{(-1)(-a) = a}$ $\mathbf{(-a)(-b) = ab}$

Remarque : Il faut savoir utiliser la propriété de la distributivité de la multiplication par rapport à l'addition/soustraction dans les « deux sens ».

Par exemple : $4(b + 2) = 4b + 8$ $(a - 3) \times 2 = 2a - 6$ $3a + 3b = 3(a + b)$

Définition d'une puissance d'un nombre

$\mathbf{a^n = a \times a \times ... \times a}$. On écrit n fois le a.

Par exemple : $\mathbf{a \times a = a^2}$ $\mathbf{a \times a \times a = a^3}$

Exemple : $3 \times a \times a = 3a^2$

EXERCICES D'APPLICATION

1 Simplifier ces expressions.

$A = 3 \times a - b \times 7 + 5 \times 3$ $C = 1 \times a - a \times b + b \times 5 - 0 \times c$

$B = 6 \times (5 + a) - 3 \times b$ $D = 4 \times a - a \times a$

Corrigé commenté :

$A = 3a - 7b + 15$ $B = 6(5 + a) - 3b = 30 + 6a - 3b$ $C = a - ab + 5b$ $D = 4a - a^2$

2 Utiliser, si possible, la distributivité de la multiplication par rapport à l'addition/soustraction dans ces expressions.

$A = 3 + (5 - a)$ $B = 6 \times (5 - a)$ $C = (x - 7) \times 6$ $D = x(3 - x)$ $E = a \times (5c)$

Corrigé commenté :

On peut utiliser la distributivité pour les expressions B, C et D.

$B = 30 - 6a$ $C = 6x - 42$ $D = 3x - x^2$

3 Utiliser, si possible la distributivité de la multiplication par rapport à l'addition/soustraction dans ces expressions.

$A = 7x + 7y$ $B = 7x + 6x$ $C = 4x + 7y$ $D = 11 + 11x$ $E = 7b + b$

Corrigé commenté :

On peut utiliser la distributivité pour les expressions A, B, D et E.

$A = 7(x + y)$
$B = (7 + 6)x = 13x$
$D = 11 \times 1 + 11x = 11(1 + x)$
$E = 7b + 1 \times b = (7 + 1)b = 8b$

4 **Quelles sont les égalités vraies ? Justifier la réponse.**
$3a + 6a = 9a$ $5 + 3x = 8x$ $3x - 2x = 1$ $5x - 4x = x$

Corrigé commenté :
$3a + 6a = 9a$ est vraie. C'est une conséquence de la propriété de la distributivité de la multiplication par rapport à l'addition : $3a + 6a = (3 + 6)a = 9a$
$5 + 3x = 8x$ est fausse. On peut le vérifier en remplaçant x par 0 par exemple. À noter que si on remplace $5 + 3x$ par $8x$, cela signifie, entre autres, que l'on n'a pas appliqué la priorité de la multiplication par rapport à l'addition.
$3x - 2x = 1$ est fausse. On peut le vérifier en remplaçant x par 0, par exemple.
$5x - 4x = x$ est vraie. C'est une conséquence de la propriété de la distributivité de la multiplication par rapport à la soustraction : $5x - 4x = (5 - 4)x = 1x = x$

5 **Quelles sont les égalités vraies ? Justifier la réponse.**
$6x \times 2x = 12x$ $4a \times 7a = 28a^2$ $4 \times 3x = 12x$ $7a \times 2 = 14a$

Corrigé commenté :
$6x \times 2x = 12x$ est fausse. Si on applique les propriétés d'associativité et de commutativité de la multiplication, on obtient : $6x \times 2x = 6 \times 2 \times x \times x = 12x^2$
$4a \times 7a = 28a^2$ est vraie. On s'appuie sur les propriétés d'associativité, de commutativité de la multiplication et la définition d'une puissance.
$4 \times 3x = 12x$ est vraie. On s'appuie sur la propriété d'associativité de la multiplication.
$7a \times 2 = 14a$ est vraie. On s'appuie sur les propriétés d'associativité et de commutativité de la multiplication.

Pour démarrer *Simplifier ces expressions :*
$A = 10x + (3 - 7x)$ *$B = 12x - (-5 + 8x)$*

Réponse

$A = 10x + (3 - 7x)$	
$A = 10x + (3 + (-7x))$	*Définition de la soustraction (c'est l'addition de l'opposé).*
$A = 10x + 3 + (-7x)$	*Associativité de l'addition.*
$A = 10x + (-7x) + 3$	*Commutativité de l'addition.*
$A = 3x + 3$	*Propriété de distributivité de la multiplication par rapport à l'addition.*

$B = 12x - (-5 + 8x)$	
$B = 12x + (-1) \times (-5 + 8x)$	*Égalité : $(-1) \times a = -a$*
$B = 12x + (-1) \times (-5) + (-1) \times 8x$	*Propriété de la distributivité de la multiplication par rapport à l'addition.*
$B = 12x + 5 - 8x$	*Égalités : $(-1) \times a = -a$ et $(-a) \times (-b) = ab$*
$B = 12x - 8x + 5$	*Commutativité de l'addition.*
$B = 4x + 5$	*Propriété de la distributivité de la multiplication par rapport à la soustraction.*

Propriétés

- Quels que soient les nombres a et b, on a :

$$+(a + b) = a + b \quad \text{et} \quad +(a - b) = a - b$$

- Quels que soient les nombres a et b, on a :

$$-(a + b) = -1 \times (a + b) = -a - b \quad \text{et} \quad -(a - b) = -1 \times (a - b) = -a + b$$

EXERCICES D'APPLICATION

1 **Simplifier ces expressions.**

$A = 15 - (3x - 7)$

$B = (5x - 1) - (3x - 2)$

$C = 5x - (3x - 11)$

$D = (4x + 15) + (3x - 11)$

Corrigé commenté :

$A = 15 - (3x - 7)$
$A = 15 - 3x + 7$
$A = 22 - 3x$

$C = 5x - (3x - 11)$
$C = 5x - 3x + 11$
$C = 2x + 11$

$B = (5x - 1) - (3x - 2)$
$B = 5x - 1 - 3x + 2$
$B = 2x + 1$

$D = (4x + 15) + (3x - 11)$
$D = 4x + 15 + 3x - 11$
$D = 7x + 4$

! Les propriétés ci-dessus ne peuvent être utilisées que si les parenthèses ne sont pas suivies d'un « × » ou « : ». Si c'est le cas, on applique la distributivité de la multiplication par rapport à l'addition/soustraction dans un 1er temps, puis on supprime les parenthèses dans un 2nd temps.
Par exemple, pour simplifier $A = 5 - (x - 5) \times 2$:
$A = 5 - (2x - 10) = 5 - 2x + 10 = 15 - 2x$

2 **Simplifier ces expressions :** $A = 12 + (4x - 2) \times 3$ $\quad$ $B = 25x - (5 - 2x) \times 3$

Corrigé commenté :

$A = 12 + (4x - 2) \times 3$
$A = 12 + (4x \times 3 - 2 \times 3)$
$A = 12 + (12x - 6)$
$A = 12 + 12x - 6$
$A = 6 + 12x$

$B = 25x - (5 - 2x) \times 3$
$B = 25x - (15 - 2x \times 3)$
$B = 25x - (15 - 6x)$
$B = 25x - 15 + 6x$
$B = 31x - 15$

Remarque : Il faut essayer de faire le plus possible de calculs mentalement. Par exemple dans les calculs ci-dessus, il faut apprendre à passer directement de la 1re ligne à la 3e ligne (donc de ne pas écrire la 2e ligne). Cela évite les erreurs de calculs et permet de gagner du temps.

3 Montrer que les quatre formules trouvées dans la réponse au « pour démarrer » page 198 sont bien égales :

$n + n + (n - 2) + (n - 2)$ $\quad 4 \times (n - 1)$ $\quad n^2 - (n - 2)^2$ $\quad 4 \times n - 4$

Corrigé commenté : Cela revient à démontrer que :

$n + n + (n - 2) + (n - 2) = 4 \times (n - 1) = n^2 - (n - 2)^2 = 4 \times n - 4$

$n + n + (n - 2) + (n - 2) = n + n + n - 2 + n - 2 = 4n - 4$

$4 \times (n - 1) = 4n - 4$

Pour l'expression $n^2 - (n - 2)^2$, on utilise l'identité remarquable :

$$(a + b)^2 = a^2 + 2ab + b^2$$

Les identités ne sont pas abordées dans ce chapitre d'initiation au calcul littéral (pour en savoir plus, cf. *Tome 1* p. 259).

Donc $n^2 - (n - 2)^2 = n^2 - (n^2 - 4n + 4) = n^2 - n^2 + 4n - 4 = 4n - 4$

→ EXERCICES 2 à 9 p. 212

C Calculer une expression littérale pour une valeur de la variable

Dans une expression littérale, il est souvent nécessaire de remplacer la variable par une valeur numérique. Cela suppose de restaurer les signes « × » qui ont pu avoir été supprimés.
Il faut ensuite respecter les règles de priorité.

Exemple : Calculer $A = 3a^2 - 3a + 7$ pour $a = 6$

Pour $a = 6$, on a : $A = 3 \times 6^2 - 3 \times 6 + 7$

$A = 3 \times 36 - 18 + 7 = 97$

→ EXERCICES 10 et 11 p. 213

3 Qu'est-ce qu'une équation du 1er degré à une inconnue ?

A Définition

Définition **Une équation** est une **égalité conditionnelle** entre deux expressions littérales qui peut n'être vérifiée que pour certaines valeurs de la (des) variable(s), voire pour aucune.
Ces valeurs sont appelées **solutions** de l'équation.
La (les) variable(s) est(sont) appelées **inconnue(s)**.
Résoudre une équation, c'est trouver l'ensemble de ses solutions.
Si les expressions littérales ne contiennent qu'une inconnue, on parlera **d'une équation à une inconnue.**
Si, une fois chaque membre simplifié, l'exposant de l'inconnue est 1, alors **l'équation est du 1er degré.**

Exemples : $4x - 7 = 3x + 6$ est une équation du 1er degré à une inconnue.
$6(x - 7) - (x + 1) = 3x$ est également une équation du 1er degré à une inconnue.
$x(x - 1) = 3x + 12$ n'est pas une équation du 1er degré, car après simplification de chaque membre, $x^2 - x = 3x + 12$, l'inconnue est au second degré.
C'est une équation du 2nd degré à une inconnue.
$3x - y = 6x$ est une équation du 1er degré à deux inconnues.
5 est une solution de l'équation $4x - 3 = x + 12$, en effet $4 \times 5 - 3 = 17$ et $5 + 12 = 17$.
Donc 5 vérifie l'égalité conditionnelle $4x - 3 = x + 12$.

B Équations équivalentes

Définition **Deux équations sont équivalentes,** si elles ont les mêmes solutions.

Exemple : $x = 5$ et $4x = 20$ sont deux équations équivalentes, car elles ont une seule solution qui est 5.

Pour trouver une équation équivalente à une équation donnée, on peut :
- Simplifier chacun des membres de l'équation.
- Ajouter ou soustraire aux deux membres de l'équation une même expression.
- Multiplier ou diviser les deux membres de l'équation par un même nombre non nul.

Les deux dernières méthodes peuvent être illustrées à l'aide d'une balance Roberval.

Exemple : $20 + 5x = 2x + 25$

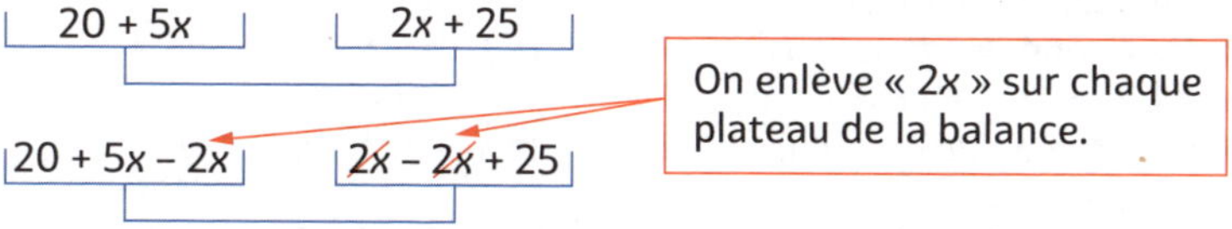

EXERCICE D'APPLICATION

Dans chaque cas, les équations (1) et (2) sont-elles équivalentes ?

a. **(1)** $3(x + 4) + 5 = 4 - (x - 2)$ **(2)** $3x + 17 = 6 - x$

b. **(1)** $6x - 7 = 4x - 1$ **(2)** $6x = 4x + 6$

c. **(1)** $5x = 12$ **(2)** $x = \frac{12}{5}$

Corrigé commenté :

a. Les équations sont équivalentes, car en simplifiant les deux membres de la 1re équation, on obtient les deux membres de la seconde.

b. Les équations sont équivalentes, car on a ajouté 7 aux deux membres de la 1re équation pour obtenir la seconde.

c. Les équations sont équivalentes, car on a divisé par 5 les deux membres de la 1re équation pour obtenir la seconde.

→ EXERCICES 12 et 13 p. 213

C Résoudre une équation du 1er degré à une inconnue

Pour résoudre une équation du 1er degré à une inconnue, on peut passer par les étapes suivantes :

Étapes	Résoudre l'équation : $3(x - 7) + 31 = 3x - (2x - 15)$
1re étape : Simplifier chacun des membres de l'équation en utilisant les conventions et propriétés vues § 2.	$3x - 21 + 31 = 3x - 2x + 15$ $3x + 10 = x + 15$
2e étape : Supprimer le terme contenant l'inconnue dans un des deux membres en ajoutant (ou soustrayant) une même expression aux deux membres de cette équation.	$3x - x + 10 = x - x + 15$ $2x + 10 = 15$ (soustraction de x)

Étapes	Résoudre l'équation : $3(x-7)+31=3x-(2x-15)$
3ᵉ étape : Supprimer le terme ne contenant pas l'inconnue dans l'autre membre en ajoutant (ou soustrayant) un même nombre aux deux membres de cette équation.	$2x+10-10=15-10$ $2x=5$ (soustraction de 10)
4ᵉ étape : Calculer la valeur de x, éventuellement en divisant (ou multipliant) les deux membres par un même nombre.	$\frac{2x}{2}=\frac{5}{2}$ $x=2{,}5$ (division par 2)
5ᵉ étape : Conclure.	La solution est 2,5.

Résoudre une équation, c'est trouver l'ensemble de ses solutions. On ne peut donc pas conclure la résolution d'une équation par $x = \ldots$ (par exemple ici $x = 2{,}5$).
Il faut conclure en précisant la (ou les) solution(s) de l'équation.
Certaines équations peuvent ne pas avoir de solution. C'est, par exemple, le cas de $0x = 7$.
L'équation $0x = 0$ admet tous les nombres comme solution.

EXERCICE D'APPLICATION

Résoudre ces équations.

a. $5x+3=2x+9$ **b.** $4x-2=2x+3$ **c.** $5x-7=2(x-3)$

Corrigé commenté :

a. $5x+3=2x+9$

$5x+3-3=2x+9-3$

$5x=2x+6$

$5x-2x=2x-2x+6$

$3x=6$

$x=\frac{6}{3}=2$

La solution est 2.

b. $4x-2=2x+3$

$4x-2+2=2x+3+2$

$4x=2x+5$

$4x-2x=2x-2x+5$

$2x=5$

$x=\frac{5}{2}=2{,}5$

La solution est 2,5.

c. $5x-7=2(x-3)$

$5x-7=2x-6$

$5x-7+7=2x-6+7$

$5x=2x+1$

$5x-2x=2x-2x+1$

$3x=1$

$x=\frac{1}{3}$

La solution est $\frac{1}{3}$.

EXERCICES 14 et 15 p. 213

4 Comment résoudre des problèmes avec le calcul littéral ?

A Établir une formule

Comme on l'a vu dans *Pour démarrer* p. 197, **le calcul littéral permet d'établir des formules** :

Méthode Pour cela, il faut déterminer une variable (si elle n'est pas donnée dans l'énoncé), puis traduire les données à l'aide de cette variable et enfin simplifier l'expression trouvée.

EXERCICE D'APPLICATION

Un cahier coute 3 € de plus qu'un crayon.
Un enseignant achète 25 cahiers et 25 crayons.
Trouver la formule qui permet de calculer le prix de cet achat en fonction du prix d'un crayon.

Corrigé commenté : Soit x le prix d'un crayon.
Prix d'un cahier : $x + 3$
Prix payé en fonction de x : $25x + 25\,(x + 3) = 25x + 25x + 75 = 50x + 75$

→ EXERCICES 16 à 18 p. 214

B Prouver une conjecture sur les nombres

Comme on l'a vu dans *Pour démarrer* p. 198, **le calcul littéral permet de prouver des conjectures sur les nombres** :

Méthode Pour prouver qu'une conjecture sur les nombres est vraie, quels que soient les nombres choisis, il faut remplacer le (ou les) nombres choisis par une (ou des) lettres, puis traduire l'énoncé à l'aide d'une formule que l'on simplifie.

EXERCICE D'APPLICATION

Choisir un nombre, retrancher 2 et multiplier par 3. On obtient le résultat (1).
Retrancher 6 au nombre de départ. On obtient le résultat (2).
Retrancher le résultat (2) au résultat (1).
Prouver qu'on obtient toujours le double du nombre choisi au départ.

Corrigé commenté : Soit x le nombre choisi.
Résultat (1) : $(x - 2) \times 3$ Résultat (2) : $x - 6$
Résultat (1) – Résultat (2) : $(x - 2) \times 3 - (x - 6) = 3x - 6 - x + 6 = 2x$
Donc on trouve toujours le double du nombre.

→ EXERCICES 19 à 21 p. 214 et 215

C Résoudre un problème à l'aide d'une équation

Comme on l'a vu dans *Pour démarrer* p. 200, l'intérêt des équations est de faciliter la résolution des problèmes dans lesquels il faut trouver une valeur numérique. Dans ces problèmes, l'équation n'est évidemment pas fournie, il faut l'établir à partir des données. Pour cela, on peut passer par les étapes suivantes :

Étapes	**Résoudre le problème :** Alex et Alicia ont la même somme d'argent. Alex a 8 pièces de 2 € et des billets de 5 €. Laura a une pièce de 1 € et des billets de 10 €. Ils ont le même nombre de billets. **Combien de billets ont-ils ?**
1re étape : Choisir l'inconnue. Généralement, c'est le nombre cherché dans la question.	Soit x le nombre de billets
2e étape : Traduire chaque information de l'énoncé en fonction de x. Cela doit conduire à une équation.	Alex a x billets de 5 €. Alex a 8 pièces de 2 € et des billets de 5 €. → Il a en € : $5x + 16$ Laura a x billets de 10 €. Laura a 1 pièce de 1 € et des billets de 10 €. → Elle a en € : $10x + 1$ Alex et Alicia ont la même somme d'argent → $5x + 16 = 10x + 1$
3e étape : Résoudre l'équation.	$5x + 16 - 10x = 10x - 10x + 1$ $-5x + 16 = 1$ $-5x + 16 - 16 = 1 - 16$ $-5x = -15$ $5x = 15$ $x = 3$
4e étape : Conclure.	Ils ont chacun 3 billets.
5e étape : Vérifier le résultat obtenu.	Alex a 8×2 € $+ 3 \times 5$ € $= 31$ € Laura a 1 € $+ 3 \times 10$ € $= 31$ €

Remarque : Si vous êtes gênés par les nombres négatifs, vous pouvez supprimer les termes contenant l'inconnue dans le 1er membre en ajoutant $-5x$ aux deux membres de l'équation de départ.

▪ EXERCICES D'APPLICATION

1 Thomas et Laura pensent au même nombre.
Thomas ajoute 4 à ce nombre et multiplie le résultat par 5.
Laura double le nombre et ajoute 35.
Ils constatent qu'ils trouvent le même résultat.
Quel nombre ont-ils choisi ?

Corrigé commenté :
Soit x le nombre auquel Thomas et Laura pense.
Thomas trouve : $(x + 4) \times 5 = 5x + 20$
Laura trouve : $2x + 35$
Donc $5x + 20 = 2x + 35$
$3x = 15$
Donc $x = 5$
Thomas et Laura ont choisi 5.

2 Dans un garage, il y a 3 voitures de moins que de motos.
Il y a en tout 36 roues.
Combien y a-t-il de voitures ?

Corrigé commenté :
Soit x le nombre de voitures.
Nombre de motos : $x + 3$
Nombre de roues : $x \times 4 + (x + 3) \times 2 = 6x + 6$
Donc $6x + 6 = 36$, donc $6x = 30$, donc $x = 5$.
Il y a 5 voitures.

→ EXERCICES 22 à 27 p. 215 et 216

S'ENTRAINER

Savoir si deux expressions littérales sont égales ou non

1 **Dans chaque cas, dire si A = B. Justifier la réponse.**

a. $A = 6 + 4 \times x$ $B = 10 \times x$

b. $A = 3 \times (4 - x)$ $B = 12 - 3 \times x$

c. $A = 9 \times x + 5 \times x$ $B = 14 \times x$

d. $A = 3 \times x^2 - x$ $B = 2 \times x$

Simplifier des expressions littérales

2 **Simplifier.**

$A = 3 \times x - 7 + 1 \times y$ $B = 0 \times x + 21 - y \times 4$ $C = 7 \times x \times x$ $D = 6 + (-1) \times a$

3 **Appliquer, si possible, la distributivité de la multiplication par rapport à l'addition/soustraction.**

$A = (5 + x) \times 3$
$B = 8a + 7a$
$C = 6(4x + 6)$
$D = 4x + x$
$E = 4(7 \times a)$
$F = 4b + 4$

4 **Quelles sont les égalités vraies ?**

$4x - x = 4$ $6a + 5b = 11ab$ $7x - 3x = 4x$ $8 + 5a = 13a$

5 **Simplifier si possible.**

$A = 3x + 7x$
$B = 17x - 8x$
$C = a + 4a$
$D = 7x - x$
$E = 2 + 8x$
$F = 4x + 5y$
$G = 3x^2 + 2x$
$H = x^2 + x$
$I = 4x^2 - 3x^2$
$J = 17a^2 + b^2$

6 **Quelles sont les égalités vraies ?**

a. $4x \times 7x = 28x$
b. $11a \times 2a = 22a^2$
c. $3x^2 \times 2x = 6x^3$
d. $5x \times 2 = 10x$
e. $x \times 7x = 7x^2$
f. $25b \times 2 = 50b$
g. $4x \times 7 = 28x$
h. $4x^2 \times 3x^2 = 12x^2$

7 **Simplifier si possible.**

$A = 3 + 2x$
$B = 3 \times 2x$
$C = 4x + 11x$
$D = 4x \times 11x$
$E = 5x + x$
$F = 5x \times x$
$G = 2x^2 + 5x$
$H = 2x^2 \times 5x$
$I = 6 + 4x$
$J = 6 \times 4x$

8 **Simplifier.**

$A = 5 + (4x + 3)$
$B = (6x + 2) - 4x$
$C = 5x - (2x + 1)$
$D = 12 - (4x - 1)$
$E = (5a + 3) + (4 + 3a)$
$F = (a + 3) - (a - 5)$
$G = (4x + 6) - (5 - 3x)$

9 **Simplifier.**

$A = 3(x + 1) - (x + 2)$
$B = (5x + 2) \times 5 - 2(x + 3)$
$C = 15x - (4x + 5) \times 2$
$D = (15a - 3) - (4a - 4) \times 3$
$E = 5(2a - 3) - (4a - 2) \times a$
$F = x(4x - 1) - (3x^2 - 4x - 1)$

Calculer une expression littérale pour une valeur de la variable

10 Calculer ces expressions pour les valeurs données de la variable.

a. $A = 5x + 3$ pour $x = 6$
b. $B = 3x^2 + x$ pour $x = 2$
c. $C = 7c - 2c^2 + 6$ pour $c = 3$
d. $D = 5(x + 3) - (2x + 1)$ pour $x = 5$

11 Sans utiliser de calculatrice, calculer cette expression pour $x = 99\,999\,999$: $A = x(3x + 1) - (3x^2 - 1)$

Reconnaitre si des équations sont équivalentes ou pas

12 Quelles sont les affirmations vraies ?

a. 2 est solution de l'équation $4x - 7 = x - 1$
b. 5 est solution de l'équation $7 + 3x = 4x + 1$
c. 0 est solution de l'équation $3x + 7 = 5x + 7$
d. 3 est solution de l'équation $3(x + 2) - 2x = 14 - (x + 2)$

13 Dans chaque cas, préciser si les équations (1) et (2) sont équivalentes ou pas.

a. (1) $4x - 7 = 3x + 11$ (2) $x - 7 = 11$
b. (1) $6x = 3$ (2) $x = \frac{3}{6}$
c. (1) $(5x + 7) - (x - 6) = 4(x + 2)$ (2) $4x + 13 = 4x + 8$
d. (1) $6x - 11 = 3x - 7$ (2) $6x = 3x + 4$

Résoudre des équations du 1er degré

14 Résoudre ces équations.

a. $3x - 5 = x - 3$
b. $7x + 11 = -3x + 15$
c. $6 - 3x = 2 + 4x$
d. $5x - 11 = 2x - 11$

15 Résoudre ces équations.

a. $5(x - 5) - (x + 2) = (x - 2) \times 3$
b. $(4x - 5) - (x + 4) \times 2 = 5 - (x - 7)$
c. $3x - 2(x - 5) = 2x - (x - 25)$
d. $5 + (11x - 3) = 11(x - 2) + 24$

Établir des formules

16 a. Louise a x billets de 10 € et 5 billets de plus de 20 €.
Exprimer la somme qu'Alice possède en fonction de x.

b. Pierre a x timbres de plus que Stéphane qui en a 257.
Arnaud en a deux fois plus que Pierre.
Exprimer le nombre de timbres qu'ils possèdent au total en fonction de x.

c. Alicia fait une randonnée de trois jours. Le premier jour, elle parcourt x km. Le deuxième jour, elle parcourt 10 kilomètres de plus que le premier jour. Le troisième jour, elle parcourt deux fois plus de kilomètres que le deuxième jour.
Exprimer le nombre de kilomètres parcourus au total pendant les trois jours en fonction de x.

17 **Écrire le plus simplement possible le périmètre et l'aire de ce rectangle en fonction de x.**

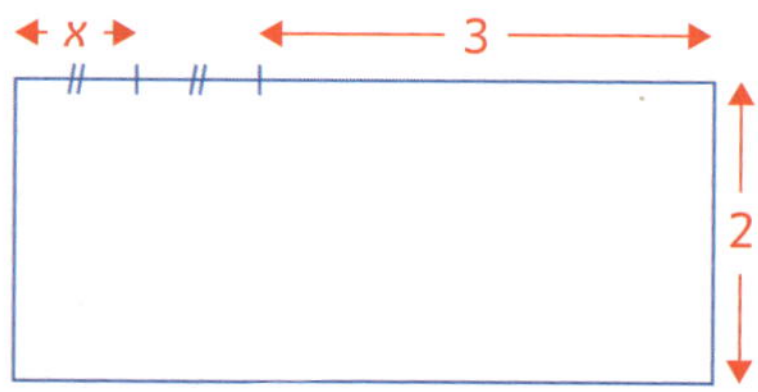

18 **Déterminer, en fonction du nombre de carreaux sur un côté, le nombre de carreaux grisés.**

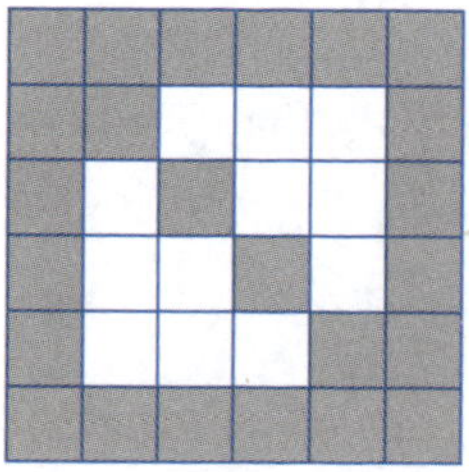

Prouver la validité d'une conjecture sur les nombres

19 Choisir un nombre.
Ajouter 5.
Multiplier le résultat par 4.
Retrancher le triple du nombre.
Retrancher 20.
Prouver que, quel que soit le nombre choisi, on obtient toujours, à la fin de cette série de calcul, le nombre choisi au départ.

20 Choisir trois entiers consécutifs, les ajouter.
Prouver que l'on trouve toujours un multiple de 3.
Rappel : Si x est un entier, l'entier suivant est $x + 1$.
Un multiple de 3 est un nombre qui peut s'écrire sous la forme $3 \times k$, où k est un entier.

21 Voici un programme de calculs :
Choisir un nombre.
Élever ce nombre au carré.
Ajouter le nombre choisi au départ.

a. **Quel résultat trouve-t-on si on choisit 7 au départ ?**

b. « Si le nombre choisi est un entier, alors le chiffre des unités du résultat est soit 0, soit 6. »
Cette affirmation est-elle vraie ?

c. « Le nombre obtenu est le produit du nombre choisi au départ par le nombre choisi au départ auquel on ajoute 1. »
Cette affirmation est-elle vraie ?

Résoudre des problèmes à l'aide d'équations

22 Voici deux programmes de calculs :

Programme A	Programme B
Choisir un nombre. Multiplier ce nombre par 4. Ajouter 5.	Choisir un nombre. Ajouter 3. Multiplier le résultat par 2.

a. **Si on choisit 7, quel nombre obtient-on avec le programme A ? avec le programme B ?**

b. **Est-il possible d'obtenir le même résultat en choisissant le même nombre de départ avec les programmes A et B ?**

23 Thomas et Laura collectionnent les cartes d'un jeu.
Laura constate qu'elle a 51 cartes de plus que Thomas et quatre fois plus de cartes que lui. Combien Thomas a-t-il de cartes ?

a. **Appeler x le nombre de cartes de Thomas.**
Exprimer le nombre de cartes de Laura en fonction de x de deux façons différentes.

b. **Écrire une équation.**

c. **Résoudre cette équation.**

d. **Trouver le nombre de cartes de Thomas.**

24 Léo a, dans son portefeuille, des billets de 5 €, des billets de 20 € et un billet de 50 €. Il a 3 billets de 20 € de plus que de billets de 5 €.
Il a 210 € dans son portefeuille.
Combien a-t-il de billets de 5 € et de 20 € ?

25 Dans la ferme de Jeff, il y a des poules et des lapins.
Il y a en tout 17 têtes et 44 pattes.
Combien y a-t-il de poules ? de lapins ?

26 Un père a 41 ans et son fils a 12 ans.
Dans combien d'années l'âge du père sera-t-il le double de l'âge du fils ?

27 Un séminaire rassemble 240 personnes.
Les participants sont répartis dans deux salles : salle A et salle B.
Dans chaque salle, il y a une conférence.
À la fin de la 1re conférence, 35 personnes passent de la salle A à la salle B pour suivre une 2e conférence. Il y a alors trois fois plus de personnes dans la salle B que dans la salle A.
Combien y avait-il de personnes dans la salle A lors de la 1re conférence ?

CORRIGÉS

1 **a.** Si on prend $x = 0$, alors A = 6 et B = 0, donc A ≠ B.
b. $A = 3 \times (4 - x) = 3 \times 4 - 3 \times x = 12 - 3 \times x = B$, d'après la propriété de la distributivité de la multiplication par rapport à la soustraction.
c. $A = 9 \times x + 5 \times x = (9 + 5) \times x = 14 \times x = B$, d'après la propriété de la distributivité de la multiplication par rapport à l'addition.
d. Pour $x = 0$ et $x = 1$, les deux expressions littérales donnent le même résultat. Cela ne signifie pas qu'elles sont égales. En effet, pour $x = 2$, on n'obtient pas le même résultat : $A = 3 \times 2^2 - 2 = 10$ et $B = 2 \times 2 = 4$, donc A ≠ B.

2 $A = 3x - 7 + y$ $B = 21 - 4y$ $C = 7x^2$ $D = 6 - a$

3 On peut appliquer la propriété de la distributivité pour A, B, C, D et F.
$A = 15 + 3x$
$B = (8 + 7) \times a = 15a$
$C = 24x + 36$
$D = x\,(4 + 1) = 5x$
$F = 4\,(b + 1)$

4 **$4x - x = 4$ est fausse.** Pour $x = 0$, on a $4x - x \to 0$ et $4 \to 4$
$6a + 5b = 11ab$ est fausse. Pour $a = 0$ et $b = 1$, on a $6a + 5b \to 5$ et $11ab \to 0$
$7x - 3x = 4x$ est vraie, d'après la propriété de la distributivité de la multiplication par rapport à la soustraction.
$8 + 5a = 13a$ est fausse. Pour $a = 0$, on a $8 + 5a \to 8$ et $13a \to 0$

5 Les expressions que l'on peut simplifier sont A ; B ; C ; D et I
$A = 3x + 7x = 10x$
$B = 17x - 8x = 9x$
$C = a + 4a = 5a$
$D = 7x - x = 6x$
$I = 4x^2 - 3x^2 = x^2$

6 Les égalités vraies sont les égalités **b.** ; **c.** ; **d.** ; **e.** ; **f.** ; **g.**
a. $4x \times 7x = 28x^2$ **h.** $4x^2 \times 3x^2 = 12x^4$

7 Les expressions que l'on peut simplifier sont B ; C ; D ; E ; F ; H et J.
$B = 3 \times 2x = 6x$
$C = 4x + 11x = 15x$
$D = 4x \times 11x = 44x^2$
$E = 5x + x = 6x$
$F = 5x \times x = 5x^2$
$H = 2x^2 \times 5x = 10x^3$
$J = 6 \times 4x = 24x$

8 $A = 5 + (4x + 3) = 5 + 4x + 3 = 8 + 4x$
$B = (6x + 2) - 4x = 6x + 2 - 4x = 2x + 2$
$C = 5x - (2x + 1) = 5x - 2x - 1 = 3x - 1$
$D = 12 - (4x - 1) = 12 - 4x + 1 = 13 - 4x$
$E = (5a + 3) + (4 + 3a) = 5a + 3 + 4 + 3a = 8a + 7$
$F = (a + 3) - (a - 5) = a + 3 - a + 5 = 8$
$G = (4x + 6) - (5 - 3x) = 4x + 6 - 5 + 3x = 4x + 3x + 6 - 5 = 7x + 1$

9 $A = 3(x + 1) - (x + 2)$
$A = 3x + 3 - x - 2$
$A = 2x + 1$

$B = (5x + 2) \times 5 - 2(x + 3)$
$B = 25x + 10 - 2x - 6$
$B = 25x - 2x + 10 - 6$
$B = 23x + 4$

$C = 15x - (4x + 5) \times 2$
$C = 15x - (8x + 10)$
$C = 15x - 8x - 10$
$C = 7x - 10$

$D = (15a - 3) - (4a - 4) \times 3$
$D = 15a - 3 - (12a - 12)$
$D = 15a - 3 - 12a + 12$
$D = 3a + 9$

$E = 5(2a - 3) - (4a - 2) \times a$
$E = 10a - 15 - (4a^2 - 2a)$
$E = 10a - 15 - 4a^2 + 2a$
$E = 12a - 15 - 4a^2$

$F = x(4x - 1) - (3x^2 - 4x - 1)$
$F = 4x^2 - x - 3x^2 + 4x + 1$
$F = x^2 + 3x + 1$

10 a. Pour $x = 6$, on a $A = 5 \times 6 + 3 = 33$
b. Pour $x = 2$, on a $B = 3 \times 2^2 + 2 = 14$ (Règles de priorité, cf. **Chapitre 5** p. 114.)
c. Pour $c = 3$, on a $C = 7 \times 3 - 2 \times 3^2 + 6 = 21 - 18 + 6 = 9$
d. Pour $x = 5$, on a $D = 5 \times (5 + 3) - (2 \times 5 + 1) = 5 \times 8 - (10 + 1) = 40 - 11 = 29$

11 On simplifie l'expression A.
$A = x(3x + 1) - (3x^2 - 1)$
$A = 3x^2 + x - 3x^2 + 1$
$A = x + 1$
Pour $x = 99\,999\,999$ dans l'expression simplifiée de A, on obtient donc 100 000 000.

12 a. Vraie, car pour $x = 2$, on a $4x - 7 \rightarrow 1$ et $x - 1 \rightarrow 1$
b. Fausse, car pour $x = 5$, on a $7 + 3x \rightarrow 22$ et $4x + 1 \rightarrow 21$
c. et d. Vraies.

13 Dans tous les cas, les équations (1) et (2) sont équivalentes.
a. On a retranché aux deux membres de la 1re équation « 3x » pour obtenir la seconde.
b. On a divisé les deux membres de la 1re équation par 6 pour obtenir la seconde.
c. On a simplifié les deux membres de la 1re équation pour obtenir la seconde.
d. On a ajouté aux deux membres de la 1re équation « 11 » pour obtenir la seconde.

14 a.
$$3x - 5 = x - 3$$
$$3x - 5 - x = x - x - 3$$
$$2x - 5 = -3$$
$$2x - 5 + 5 = 5 - 3$$
$$2x = 2$$
$$x = 1$$
La solution est 1.

b.
$$7x + 11 = -3x + 15$$
$$7x + 3x + 11 = -3x + 3x + 15$$
$$10x + 11 = 15$$
$$10x + 11 - 11 = 15 - 11$$
$$10x = 4$$
$$x = 0{,}4$$
La solution est 0,4.

c.
$$6 - 3x = 2 + 4x$$
$$6 - 3x - 2 = 2 - 2 + 4x$$
$$4 - 3x = 4x$$
$$4 - 3x + 3x = 4x + 3x$$
$$4 = 7x$$
$$x = \frac{4}{7}$$
La solution est $\frac{4}{7}$.

d.
$$5x - 11 = 2x - 11$$
$$5x - 2x - 11 = -11$$
$$3x = 11 - 11$$
$$3x = 0$$
$$x = 0$$
La solution est 0.

15 a. $5(x-5)-(x+2)=(x-2)\times 3$

$5x-25-x-2=3x-6$

$4x-27=3x-6$

$4x-3x=27-6$

$x=21$

La solution est 21.

b. $(4x-5)-(x+4)\times 2=5-(x-7)$

$4x-5-(2x+8)=5-x+7$

$4x-5-2x-8=12-x$

$2x-13=12-x$

$2x+x=12+13$

$3x=25$

$x=\frac{25}{3}$

La solution est $\frac{25}{3}$.

c. $3x-2(x-5)=2x-(x-25)$

$3x-2x+10=2x-x+25$

$x+10=25+x$

$0x=15$

Ce qui est impossible.
Cette équation n'a pas de solution.

d. $5+(11x-3)=11(x-2)+24$

$5+11x-3=11x-22+24$

$2+11x=11x+2$

$0x=0$

Tous les nombres sont solution.

16 a. Louise possède en € : $10x+(x+5)\times 20=30x+100$
b. Pierre a $(257+x)$ timbres et Arnaud a $(257+x)\times 2$ timbres.
Au total, ils ont : $257+(257+x)+(257+x)\times 2=1\,028+3x$ timbres.
c. Le 2e jour, Alicia a parcouru : $10+x$ km.
Le 3e jour, elle a parcouru : $2(10+x)$.
Au total, elle a parcouru : $x+x+10+(x+10)\times 2=4x+30$

17 Périmètre : $(2x+3+2)\times 2=(2x+5)\times 2=4x+10$
Aire : $(2x+3)\times 2=4x+6$

18 Soit n le nombre de carreaux sur un côté.
On sait que le nombre de carreaux grisés sur le contour est égal à $4n-4$ (cf. *Pour démarrer* p. 197 et 198)
Sur la « diagonale », il y a n carreaux, mais deux sont déjà comptés avec les carreaux du contour (les deux des angles).
Le nombre de carreaux grisés est donc égal à $4n-4+n-2=5n-6$.

19 Soit x le nombre choisi.
La série de calculs conduit à $(x+5)\times 4-3x-20$
Or $(x+5)\times 4-3x-20=4x+20-3x-20=4x-3x+20-20=x$
Quel que soit le nombre choisi, on obtient donc toujours, à la fin de cette série de calcul, le nombre choisi au départ.

20 *Remarque :* On ne peut pas utiliser ici le critère de divisibilité par 3, car on n'a aucune information sur les chiffres des nombres que l'on prend.

Soit x le 1er entier choisi. Le 2nd est donc $x + 1$ et le 3e est $x + 2$.
$x + (x + 1) + (x + 2) = x + x + 1 + x + 2 = 3x + 3 = 3(x + 1)$
or $x + 1$ est un nombre entier.
Donc $3(x + 1)$ est un multiple de 3.
Cela prouve que si on ajoute trois entiers consécutifs, on obtient toujours un multiple de 3.

21 **a.** Si on choisit 7, on trouve $7^2 + 7 = 56$
b. Cette affirmation est fausse. Pour le prouver, il suffit de trouver un contre-exemple : pour 1, on obtient 2.
c. *Remarque :* En faisant quelques essais, on ne trouve pas de contre-exemple. Cela ne suffit évidemment pas pour prouver que l'affirmation est vraie !
Pour cela, on peut faire appel au calcul littéral.
Soit x le nombre choisi au départ.
Le programme de calculs donne comme résultat : $x^2 + x = x(x + 1)$.
Cela prouve bien que le résultat est égal au produit du nombre choisi au départ par le nombre choisi au départ auquel on ajoute 1.

22 **a.** Avec 7 au départ, on obtient 33 avec le programme A et 20 avec le programme B.
b. Soit x le nombre choisi au départ.
Le programme A donne : $4x + 5$
Le programme B donne : $(x + 3) \times 2$
On doit donc avoir : $4x + 5 = (x + 3) \times 2$

$$4x + 5 = 2x + 6$$
$$4x - 2x = 6 - 5$$
$$2x = 1, \text{ donc } x = \frac{1}{2} = 0,5$$

Pour 0,5, les deux programmes donnent le même résultat (7).

23 **a.** « Laura constate qu'elle a 51 cartes de plus que Thomas » → $x + 50$
« elle a quatre fois plus de cartes que lui » → $4x$
b. $4x = x + 51$
c. $3x = 51$, donc $x = 17$. 17 est la solution de l'équation.
d. Thomas a 17 cartes.

24 *Remarque :* Ici, il y a deux inconnues qui sont liées. Dans ce cas, une inconnue suffit. Il faut, dans la mesure du possible, prendre comme inconnue, la plus petite des deux valeurs.

Soit x le nombre de billets de 5 €.
Léo a $x + 3$ billets de 20 €.
Il a en € : $5x + 20(x + 3) + 50$
Donc $5x + 20(x + 3) + 50 = 210$
$5x + 20x + 60 + 50 = 210$
$25x + 110 = 210$
$25x = 210 - 110$
$25x = 100$ donc $x = 4$
Il a 4 billets de 5 € et donc 7 billets (4 + 3) de 20 €.

Vérification : Léo a donc en € : $4 \times 5 + 7 \times 20 + 50 = 20 + 140 + 50 = 210$

25 *Remarque :* Ici encore, il y a deux inconnues qui sont liées. Mais, on ne peut déterminer s'il y a plus (ou moins) de poules que de lapins. Donc, on n'a pas de critère pour décider si on prend comme inconnue le nombre de poules ou le nombre de lapins. On décide au hasard.

Soit x le nombre de poules.
Il y a 17 têtes au total. Il y a donc $17 - x$ lapins.
Les x poules ont $2x$ pattes.
Les $17 - x$ lapins ont $(17 - x) \times 4$ pattes.
Donc $2x + (17 - x) \times 4 = 44$
$2x + 17 \times 4 - 4x = 44$
$-2x + 68 = 44$
$-2x = 44 - 68$
$-2x = -24$
$2x = 24$, donc $x = \frac{24}{2} = 12$

On utilise ici la soustraction des nombres relatifs non abordée dans cet ouvrage (cf. *Tome 1 p. 102*) : $22 - 4 = -2$ et $44 - 68 = -22$.
Pour éviter les nombres négatifs, on peut supprimer les termes contenant l'inconnue dans le 1er membre en ajoutant $2x$ aux deux membres de l'équation.

Il y a donc 12 poules et 5 lapins (17 – 12).

Vérification : $12 \times 2 + 5 \times 4 = 24 + 20 = 44$

26 Soit x, le nombre d'années nécessaires pour que l'âge du père soit le double de l'âge du fils.
Remarque : Dans ce type de problème, il y a une « chronologie » : un présent et un futur. Pour faciliter sa résolution, il est possible d'utiliser un tableau de ce type :

	Âge du père	Âge du fils
Actuellement	41	12
Dans x années	$41 + x$	$12 + x$

On a donc $41 + x = 2\,(12 + x)$

$41 + x = 24 + 2x$

$41 - 24 = 2x - x$

$17 = x$

Dans 17 ans, l'âge du père sera le double de l'âge du fils.

Vérification : Dans 17 ans, le père aura 41 ans + 17 ans = 58 ans et le fils aura 12 ans + 17 ans = 29 ans.
On a bien $58 = 2 \times 29$

27 *Remarque :* Ce problème renvoie à une « chronologie », il est donc possible de s'aider d'un tableau analogue à celui de l'exercice précédent.

Soit x le nombre de personnes dans la salle A lors de la 1re conférence.

	Salle A	Salle B
1re conférence	x	$240 - x$
2e conférence	$x - 35$	$240 - x + 35$

Donc $240 - x + 35 = 3\,(x - 35)$

$275 - x = 3x - 105$

$275 + 105 = 3x + x$

$380 = 4x$ donc $x = \dfrac{380}{4} = 95$

Il y avait 95 personnes dans la salle A lors de la 1re conférence.

Vérification : Il y avait donc 240 – 95 = 145 personnes dans la salle B.
Lors de la 2e conférence, il y a 95 – 35 = 60 personnes dans la salle A et 145 + 35 = 180 personnes dans la salle B. On a bien $180 = 3 \times 60$.

FICHES SYNTHÈSES

→ Pour accéder à la fiche dont vous avez besoin, connectez-vous sur le site *http://www.hatier-clic.fr/*

FICHE SYNTHÈSE 1 — Doc imprimable hatier-clic.fr/mac1

FICHE SYNTHÈSE 2 — Doc imprimable hatier-clic.fr/mac2

FICHE SYNTHÈSE 3 — Doc imprimable hatier-clic.fr/mac3

FICHE SYNTHÈSE 4 — Doc imprimable hatier-clic.fr/mac4

FICHE SYNTHÈSE 5 — Doc imprimable hatier-clic.fr/mac5

FICHE SYNTHÈSE 6 — Doc imprimable hatier-clic.fr/mac6

FICHE SYNTHÈSE 7 — Doc imprimable hatier-clic.fr/mac7

FICHE SYNTHÈSE 8 — Doc imprimable hatier-clic.fr/mac8

FICHE SYNTHÈSE 9 — Doc imprimable hatier-clic.fr/mac9

Responsable d'édition : Corinne Caraty
Édition : Armelle Martre Ruggeri
Conception graphique : Frédéric Jelly
Mise en pages : Nord Compo
Dessins techniques : Nord Compo

Achevé d'imprimer en Espagne par Macrolibros
Dépôt légal : 98354-04 - Juin 2020

PAPIER À BASE DE FIBRES CERTIFIÉES

Hatier s'engage pour l'environnement en réduisant l'empreinte carbone de ses livres. Celle de cet exemplaire est de :
650 g éq. CO_2
Rendez-vous sur www.hatier-durable.fr